省级"十一五"规划教材

卓越工程师教育培养计划应用教材

——土木类工程施工与管理系列

施工组织设计

主　编　完海鹰　江小燕　李庆锋

合肥工业大学出版社

内容简介

本书是安徽省省级"十一五"规划教材,也是卓越工程师教育培养计划应用教材——土木类工程施工与管理系列。本书主要介绍施工组织设计理论、方法及应用,共分8章,包括施工组织设计概论,流水施工原理,网络计划技术,施工进度计划的控制与应用,施工准备,单位工程施工组织设计,施工组织总设计,计算机辅助施工组织设计等,同时,书后附有框架结构施工组织设计实例,以方便读者,加深理解与学习。

本书可作为本科土建类及工程管理类各专业的施工组织设计教材,也可作为参加相关执业资格考试人员的考试辅导参考书,亦可供实际工程设计、施工等技术人员学习参考。

图书在版编目(CIP)数据

施工组织设计/完海鹰,江小燕,李庆锋主编.—合肥:合肥工业大学出版社,2010.12
(2019.10 重印)
ISBN 978 − 7 − 5650 − 0305 − 9

Ⅰ.①水⋯ Ⅱ.①完⋯②江⋯③李 Ⅲ.①建筑工程—施工组织—设计—高等学校—教材
Ⅳ.①TU721

中国版本图书馆 CIP 数据核字(2010)第 219172 号

施工组织设计

完海鹰	江小燕	李庆锋	主编	责任编辑	权 怡	责任校对 张择瑞

出　版	合肥工业大学出版社	版　次	2010 年 12 月第 1 版
地　址	合肥市屯溪路 193 号	印　次	2019 年 10 月第 7 次印刷
邮　编	230009	开　本	787 毫米×1092 毫米　1/16
电　话	总　编　室:0551 − 62903038	印　张	10.75
	市场营销部:0551 − 62903198	字　数	255 千字
网　址	www.hfutpress.com.cn	印　刷	合肥现代印务有限公司
E-mail	hfutpress@163.com	发　行	全国新华书店

ISBN 978 − 7 − 5650 − 0305 − 9　　　　　　定价:28.00 元
如果有影响阅读的印装质量问题,请与出版社市场营销部联系调换。

前　言

　　施工组织设计是土木工程专业本科教学的一门重要的专业课程。它研究建设施工的组织方法、理论和一般规律,是联系设计与施工的纽带,尤其注重培养学生的综合分析能力和运用基础理论解决施工中实际问题的能力。

　　近年来,在我国施工技术和施工管理水平的高速发展背景下,为建设创新型国家,为实现工业化、现代化奠定人才资源优势,国家提出了培养高质量应用型工程技术人才的"卓越工程师教育培养计划"。本书是安徽省省级"十一五"规划教材,根据土木工程专业本科教学大纲的要求,结合"卓越工程师教育培养计划"中"按通用标准和行业标准培养工程人才"和"强化培养学生的工程能力和创新能力"的特点,详细阐述了施工组织设计理论、方法及应用,对原教学内容吐故纳新,调整了其深度、广度,引入造价工程师、监理工程师和建造师等注册执业资格考试的相关内容,还介绍了非肯定型网络计划和计算机辅助网络计划及管理等新型技术成果的理论及应用,并提供了具有全面参考价值的一个实训例题,在联系实际、突出工程应用能力训练的同时,结合教学要求,使学生获得一个较先进、全面、系统的知识体系。

　　本书由合肥工业大学完海鹰教授、江小燕讲师和李庆锋讲师主编,完海鹰负责本教材的整体策划,结构组织,通稿审核;李庆锋编写第 1 章～第 3 章,江小燕编写第 4 章～第 8 章。

　　本书在编写过程中阅读、参考了许多文献,书后或许没能全部提及,编者在此向所借鉴或引用参考文献的作者表示衷心地感谢。此外,安徽省建筑工业学院的何夕平老师和合肥学院的夏勇老师也对本书提出了一些宝贵的意见,在此一并表示感谢。

　　由于时间紧张,作者水平有限,书中不足之处在所难免,恳请读者批评指正。

编　者

2010 年 12 月

目　录

第1章　施工组织设计概论 ·· 1

1.1　基本建设程序 ··· 1

1.2　建筑产品及其生产的特点 ··· 3

1.3　施工组织设计的概念 ·· 5

第2章　流水施工原理 ·· 9

2.1　基本概念 ·· 9

2.2　有节奏流水施工 ··· 17

2.3　无节奏流水施工 ··· 20

第3章　网络计划技术 ··· 24

3.1　双代号网络图 ·· 24

3.2　双代号时标网络计划 ··· 38

3.3　单代号网络图 ·· 42

3.4　单代号搭接网络计划 ··· 48

3.5　网络计划的优化 ··· 52

3.6　非肯定型网络计划 ·· 56

第4章　施工进度计划的控制与应用 ··· 63

4.1　实际进度与计划进度的比较 ··· 63

4.2　施工进度计划实施中的调整 ··· 71

4.3　成本与进度的综合控制 ··· 73

4.4　进度计划在工期索赔中的应用 ·· 78

第5章　施工准备 ·· 81

5.1　技术准备 ··· 81

5.2　劳动组织准备 ·· 84

5.3　施工物资准备 ·· 85

5.4　施工现场准备 ·· 85

5.5　冬雨季施工准备 ··· 86

第6章　单位工程施工组织设计 ··· 87

6.1　单位工程施工组织设计概述 ··· 87

6.2　基本概况 ··· 87

6.3　施工方案 ··· 89

6.4　工程量的计算 ·· 94

6.5 施工进度计划的编制 …… 96
6.6 资源需求量计划 …… 98
6.7 施工平面布置图 …… 99
6.8 质量、安全保证措施以及主要经济技术指标 …… 101

第7章 施工组织总设计 …… 104
7.1 施工组织总设计概述 …… 104
7.2 施工组织总设计的内容 …… 104
7.3 施工资源配置 …… 106
7.4 施工总平面图设计 …… 108
7.5 技术经济评价指标 …… 125
7.6 常用施工平面图图例 …… 127

第8章 计算机辅助施工组织设计 …… 132
8.1 计算机辅助施工组织设计概况 …… 132
8.2 计算机辅助制作施工方案 …… 132
8.3 计算机辅助施工进度计划 …… 136
8.4 计算机辅助施工平面图布置 …… 143
8.4.1 概述 …… 143

附录：某框架结构施工组织设计实例 …… 149
一、建设概况 …… 149
二、主要分部工程施工技术方案 …… 149
三、施工总进度网络计划 …… 158
四、劳动力、机械材料供应计划 …… 158
五、施工总平面布置 …… 161
六、工程质量保证措施 …… 162
七、安全生产措施 …… 162
八、文明施工措施 …… 164

参考文献 …… 165

第1章 施工组织设计概论

学习要点：了解基本建设程序的主要内容和建筑产品生产的特点；掌握施工组织设计的分类、任务及内容，了解施工组织设计编制的原则。本章重点为施工组织设计的分类、任务及内容。

1.1 基本建设程序

1.1.1 基本建设的程序

基本建设，是指国民经济各部门利用各种方式进行投资，来实现以扩大生产能力和新增效益为目的的新建、扩建、改建工程的固定资产建设及其相关管理活动。

基本建设就其内容构成包括：固定资产的建筑和安装；固定资产的购置；其他基本建设工作，如勘察设计、征地、拆迁补偿、科研等。

基本建设的范围包括：新建、扩建、改建、恢复重建等各种固定资产的建设工作。

基本建设程序，是指基本建设项目在从规划、选择、评估、决策、设计、施工到竣工投产或交付使用的整个建设过程中，各项工作必须遵循的先后顺序，是基本建设全过程中客观规律的反映。

一般大中型建设项目的工程建设程序可归纳为包括投资决策期、建设期和生产期等三个时期的八项工作，主要内容有：

（1）编制和报批建设项目建议书

项目建议书是建设单位向政府提出要求建设某一具体项目的建议性文件，是对工程建设即项目本身进行的说明。项目建议书主要包括项目提出的必要性及其依据，项目概况、初步选址及建设条件、规模和建设内容、投资估算及资金来源、经济效益和社会效益初步估算等内容。大中型新建项目和限额以上的大型扩建项目，在上报项目建议书时必须附上初步可行性研究报告。

项目建议书是对项目任务、目标系统和项目定义的说明和细化，同时作为后继的可行性研究、技术设计与计划的依据，以将项目目标转变成具体、实在的工程建设任务。项目建议书提出要求，确定责任者，它是项目投资者（决策者）与承担可行性研究和设计任务相关的专家沟通的文件。

（2）编制和报批可行性研究报告

项目建议书获得批准后即可由建设单位委托原编报项目建议书的设计院和咨询公司进行可行性研究。可行性研究是从市场、技术生产、法律（政策）、经济等方面对项目进行全面策划和论证的过程。它必须在对客观情况进行大量调查研究的基础上，通过全面细致的分析，做出不同方案的比较选择，是保证项目决策加强科学性和减少盲目性的关键环节。可行性研究报告经有关部门的项目评估和审批决策，获得批准后即为项目立项。

（3）编制和报批设计文件

可行性报告获得批准后，项目的主管部门可指定、委托或以招投标方式确定有资格的设计单位,根据项目建议书和可行性研究报告,按照国家有关政策、设计规范、建设标准、定额编制设计文件。根据不同的行业特点和项目要求,一般工程项目可进行两阶段设计,即初步设计和施工图设计。初步设计在满足经济和技术要求的前提下提出选定方案的建设标准、设备选型、工艺流程、总布置图、结构方案、基础形式、水暖电等的实施方案和全部费用,是项目建设进一步准备和实施的依据。施工图设计则是用来指导建筑安装工程的施工、非标准设备的加工制造的详细和具体设计,包括全项目性文件的建筑屋、构筑屋的设计文件等,相应编制初步设计总概算,修正总概算和施工图预算。而对技术上复杂且缺乏设计经验的建设项目,经主管部门指定可增加技术设计阶段,即进行初步设计、技术设计和施工图设计的三阶段设计。技术设计主要是用来进一步解决初步设计阶段一时无法解决的重大问题,并对施工图设计起到指导作用。

(4)建设准备工作

项目施工前的准备工作首先需要组建筹建机构,完成征地和拆迁工作,落实施工现场的"三通一平"(路通、水通、电通和场地平整)工作,并根据工程实际情况落实设备和材料的供应,准备必要的施工图纸。招投标工作是提高工程质量、降低工程造价、改善投资效益、保证建设项目顺利实施的重要环节。根据《工程建设项目施工招标投标办法》组织施工招投标,由建设单位或有资格接受委托的工程咨询单位编制招标文件,召开开标会议,组织评标、定标,通过公平合理的竞争,选择高质量、低价格的施工单位,签定承包合同,确定合同价,开工报告获得批准后,建设项目方可开工建设。

(5)施工安装

工程项目进入全面施工阶段,质量控制、进度控制、投资控制成为重要的工作目标。要抓好施工阶段的全面管理,施工前要做好施工图的会审工作,明确质量要求;施工中要严格按照施工图纸施工,如需变动,应取得设计单位的同意。严格遵守施工及验收规范、质量标准和安全操作规程,保证施工质量和施工安全。要按照施工顺序合理施工,地下工程和隐蔽工程,特别是基础和结构关键部位,一定要经过验收合格,才能进入下一道工序的施工。

(6)生产准备

建设单位要根据建设项目或主要单项工程生产技术的特点,及时组成专门班子或机构,有计划地抓好试生产的准备工作,以保证工程建设完成后及时投产。生产准备工作主要包括:招收和培训必要的生产人员,组织生产人员参加设备的安装、调试和工程验收,特别要掌握好生产技术和工艺流程;落实原材料、协作产品、燃料、水、电、气等的来源和其他协作配合项目;组织工装、器具、备品、备件等的制造和订货;组建强有力的生产指挥管理机构,制定必要的管理制度,收集生产技术资料、产品样品等。

(7)项目竣工验收

建设项目按照批准的设计文件所规定的内容全部完成后,符合设计要求、能够正常使用的都要及时组织验收。对于工业建设项目能形成生产能力,经试运转能生产出合格产品的;非工业建设项目符合设计要求并能正常使用,即达到验收标准的,均可办理固定资产移交手续。

(8)生产运营或交付使用

项目建成投产使用后,进入正常生产运营和使用过程,一段时间(一般为2～3年)后,可对项目的生产能力或使用效益状况,产品的技术水平、质量和市场销售情况,投资回收、贷款偿还情况,经济效益、社会效益和环境效益等情况进行总结评价,并编制项目后评价报告,完成工程建设全过程的最后阶段。

1.1.2　建设项目的组成

1. 建设项目

建设项目是基本项目,是指在一个场地或几个场地上按一个总体设计进行施工、建成后具有设计所规定的生产能力或效益的各个工程项目的总和。每一个建设项目,都编有计划任务书和独立总体设计,行政上具有独立组织形式,经济上实行统一核算。例如,在工业建设中,一般一个工厂即为一个建设项目;在民用建设中,一般一个学校、一所医院即为一个建设项目。

2. 单项工程

单项工程,又称工程项目,是建设项目的组成部分。一个建设项目可以是一个单项工程,也可能包括几个单项工程。单项工程是具有独立的设计文件,建成后可以独立发挥生产能力或效益的工程。生产性建设项目的单项工程一般是指能独立生产的车间。它包括厂房建筑、设备安装、电器照明工程、工业管道工程等。非生产性建设项目的单项工程,如一所学校的办公楼、教学楼、食堂或宿舍等。

3. 单位工程

一个单位工程具备独立施工条件并能形成独立使用功能的建筑物及构筑物,它是单项工程的的组成部分,一般不独立发挥生产能力,但具有独立施工条件。如车间的厂房建筑是一个单位工程,车间的设备安装又是一个单位工程,此外,还有电气照明工程、工业管道工程、给排水工程等单位工程。非生产性建设项目通常一个单项工程即为一个单位工程。

4. 分部工程

分部工程是按专业性质、建筑部位划分的工程,是单位工程的组成部分。例如房屋建筑单位工程可按按建筑部位划分为基础工程、主体工程、屋面工程等;也可以按照专业性质来划分,如土石方工程、钢筋混凝土工程、砖石工程、装饰工程等

5. 分项工程

分项工程是分部工程的组成部分,按主要工种、材料、施工工艺、设备类别等进行划分。如钢筋混凝土工程可划分为模板工程、钢筋工程、混凝土工程等分项工程。

1.2　建筑产品及其生产的特点

1.2.1　建筑产品的特点

由于建筑产品的使用功能、平面与空间组合、结构与构造形式等的特殊性,以及建筑产品所用材料的物理力学性能的特殊性,决定了建筑产品的特殊性。

(1)建筑产品在空间上的固定性

一般的建筑产品均由自然地面以下的基础和自然地面以上的主体两部分组成(地下建筑全部在自然地面以下)。基础承受主体的全部荷载(包括基础的自重),并传给地基;同时将主体固定在地面上。任何建筑产品都是在选定的地点上建造和使用,与选定地点的土地不可分割,从建造开始直至拆除均不能移动。所以,建筑产品的建造和使用地点在空间上是固定的。

(2)建筑产品的多样性

建筑产品不但要满足各种使用功能的要求,而且还要体现出地区的民族风格、物质文明和精神文明,同时也受到地区的自然条件诸因素的限制,使建筑产品在规模、结构、构造、型式、基础和

装饰等诸方面变化纷繁,因此建筑产品的类型多样。

（3）建筑产品体形庞大

无论是复杂的建筑产品,还是简单的建筑产品,为了满足其使用功能的需要,并结合建筑材料的物理力学性能,均需要大量的物质资源,并占据广阔的平面与空间,因而建筑产品的体形庞大。

1.2.2　建筑产品生产的特点

建筑产品地点的固定性、类型的多样性和体形庞大等三大主要特点,决定了建筑产品生产即建筑施工的特点与一般工业产品生产的特点相比较具有自身的特殊性。

（1）建筑产品生产的流动性

建筑产品地点的固定性决定了产品生产的流动性。一般的工业产品都是在固定的工厂、车间内进行生产,而建筑产品的生产是在不同的地区,或同一地区的不同现场,或同一现场的不同单位工程,或同一单位工程的不同部位组织工人、机械围绕着同一建筑产品进行生产。因此,使建筑产品的生产在地区与地区之间、现场之间和单位工程不同部位之间流动。

（2）建筑产品生产的单件性

建筑产品地点的固定性和类型的多样性决定了产品生产的单件性。一般的工业产品是在一定的时期、统一的工艺流程中进行批量生产,而具体的一个建筑产品应在国家或地区的统一规划内,根据其使用功能,在选定的地点上单独设计和单独施工。即使是选用标准设计、通用构件或配件,由于建筑产品所在地区的自然、技术、经济条件的不同,也使建筑产品的结构或构造、建筑材料、施工组织和施工方法等也要因地制宜加以修改,从而使各建筑产品生产具有单件性。

（3）建筑产品生产的地区性

由于建筑产品的固定性决定了同一使用功能的建筑产品因其建造地点的不同必然受到建设地区的自然、技术、经济和社会条件的约束,使其结构、构造、艺术形式、室内设施、材料、施工方案等方面均各异。因此,建筑产品的生产具有地区性。

（4）建筑产品生产周期长

建筑产品的固定性和体形庞大的特点决定了建筑产品生产周期长。因为建筑产品体形庞大,使得最终建筑产品的建成必然耗费大量的人力、物力和财力。同时,建筑产品的生产全过程还要受到工艺流程和生产程序的制约,使各专业、工种间必须按照合理的施工顺序进行配合和衔接。又由于建筑产品地点的固定性,使施工活动的空间具有局限性,从而导致建筑产品生产具有生产周期长、占用流动资金大的特点。

（5）建筑产品生产的露天作业多

建筑产品地点的固定性和体形庞大的特点,决定了建筑产品生产露天作业多。因为形体庞大的建筑产品不可能在工厂、车间内直接进行施工,既使建筑产品生产达到了高度的工业化水平的时候,也只能在工厂内生产其备部分的构件或配件,仍然需要在施工现场内进行总装配后才能形成最终建筑产品。因此建筑产品的生产具有露天作业多的特点。

（6）建筑产品生产的高空作业多

由于建筑产品体形庞大,决定了建筑产品生产具有高空作业多的特点。特别是随着城市现代化的发展,高层建筑物的施工任务日益增多,使得建筑产品生产高空作业的特点日益明显。

（7）建筑产品生产组织协作的综合复杂性

由上述建筑产品生产的诸特点可以看出,建筑产品生产的涉及面广。在建筑企业的内部,它涉及工程力学、建筑结构、建筑构造、地基基础、水暖电、机械设备、建筑材料和施工技术等学科的专业知识,要在不同时期、不同地点和不同产品上组织多专业、多工种的综合作业;在建筑企业的外部,它涉及各不同种类的专业施工企业,及城市规划,征用土地,勘察设计,消防,"三通一平",公用事业,环境保护,质量监督,科研试验,交通运输,银行财政,机具设备,物质材料,电、水、热、气的供应,劳务等社会各部门和各领域的复杂性。

1.3　施工组织设计的概念

1.3.1　施工组织设计概念

　　建设项目的施工,是一项多部门、多专业、多工种相互配合,历时较长的复杂的系统工程。它可以有不同的施工顺序和施工流向,每一个施工过程可以采用不同的施工方案,现场施工机械、各种堆物、临时设施和水电线路等可以有不同的布置方案,开工前的一系列施工准备工作可以用不同的方法进行。这些施工因素都有许多可行的方案供施工组织人员选择,但是不同的方案,其效果是不同的。如何结合建设项目的性质、规模和工期,将各种要素(人力、资金、材料、机械、技术措施等)科学地组织起来,从经济和技术统一的全局出发,从许多可能的方案中选择工期短、质量好、成本低、迅速发挥投资效益的最合理施工方案,这是施工管理人员在开始施工之前必须解决的问题。

　　建筑施工组织就是针对工程施工的复杂性和多样性,对施工中遇到的各项问题进行统筹安排与系统管理,对施工过程中的各项活动进行全面的部署,编制出具有规划和指导施工作用的技术经济文件,即施工组织设计。施工组织设计是指导拟建工程项目进行施工准备和正常施工的全局性技术经济文件,是对拟建工程在人力和物力、时间和空间、技术和组织等方面所做的全面、合理的安排,是现场施工的指导性文件。由于建筑产品的多样性,每项工程都必须单独编制施工组织设计,施工组织设计经审批通过后方可施工。

　　对施工单位而言,施工组织设计不仅仅是投标文件中最主要的一项内容,而且还是提交监理和业主审批后开始施工的依据,同时也是施工单位进行施工的作业的指导书和工程结算、索赔的依据。

1.3.2　施工组织研究的对象、任务

1. 施工组织研究对象

　　施工组织设计是根据国家或业主对拟建工程的要求、设计图纸和编制施工组织设计的基本原则,从拟建工程施工全过程中的人力、物力和空间等三个要素着手,在人力与物力、主体与辅助、供应与消耗、生产与储存、专业与协作、使用与维修、空间布置与时间排列等方面进行科学地、合理地部署,为建筑产品生产的节奏性、均衡性和连续性提供最优方案,从而以最少的资源消耗取得最大的经济效果,以便最终建筑产品的生产在时间上达到速度快和工期短,在质量上达到精度高和功能好,在经济上达到消耗少、成本低和利润高的目的。由上可知,施工组织主要研究对象是建造建筑物(构筑物)的组织方法、理论和一般规律。

2. 施工组织任务

　　由于建筑产品地点固定性的特点,所以不同的地点,即使建筑同样类型的建筑物或构筑物,由于工程地质情况、气候条件等情况不同,其施工的准备、机具设备、技术措施、施工操作和组织计划等也都不尽相同。就一幢建筑物或构筑物而言,可采用不同的施工方法和不同施工机具来完成;对某一分项工程的施工操作和施工顺序,也可采用不同的方案来进行;工地现场的临时设

施办公用房、仓库、预制场地以及供水、供电、供气、供热等管线布置可采用不同的布置方案;工程开工前所必须完成的一系列准备工作,也可采用不同的方法来解决。

总之,不论在技术措施方面或是在组织计划方面,通常都有许多个可能的方案供施工技术人员选择,但是,不同的方案,其技术经济效果是不一样的。我们应结合建筑物的性质、规模和工期要求等特点,从经济和技术统一的全局角度出发,综合考虑材料供应、机具设备、构配件生产、运输条件、地质及气候等各项具体情况,从多个可能的方案中,选定最合理、最科学的方案,这是施工技术人员在组织施工前必须要解决的问题。

在对上述各方面情况进行通盘考虑并作技术、经济比较之后,就可以对整个施工过程的各项活动作出全面、科学的部署,书面编写出指导施工准备和具体组织施工的施工组织设计文件,使工程施工在一定时间和空间内,得以有计划、有组织、有秩序的进行,以期在整个工程的施工中达到相对最优的效果,即达到工期短、质量优、成本低、效益好,这就是施工组织设计的根本任务。

施工组织设计是用以指导施工的重要技术经济文件,它把设计和施工、技术和经济、前方和后方、企业的全局活动和工程的施工组织有机的协调一致,对建设单位、设计单位、施工单位、材料供应单位、构配件生产单位的工作都有指导作用和约束作用,它将较好的处理部门与部门之间、人与人之间、人与物之间以及物与物之间的矛盾问题,做到人尽其才、物尽其用,从而达到优质、低耗、高速的完成施工任务,取得最好的经济效益和社会效益。

1.3.4 施工组织设计的基本内容

施工组织设计的内容,要结合工程对象的实际,一般包括以下基本内容:

(1)工程概况

包括本建设工程的性质、内容、建设地点、建设总期限、建设面积、分批交付生产或使用的期限、施工条件、地质气象条件、资源条件、建设单位的要求等。

(2)施工方案选择

根据工程情况,结合人力、材料、机械设备、资金、施工方法等条件,全面安排施工顺序,从对拟建工程可能采用的几个施工方案中选择出最佳方案。

(3)施工进度计划

施工进度计划反映了最佳施工方案在时间上的安排,采用先进的计划理论和计算方法,综合平衡进度计划,使工期、成本、资源等通过优化调整达到既定目标。在此基础上,编制相应的人力和时间安排计划,资源需要计划,施工准备计划。

(4)施工平面图

施工平面图是施工方案和进度在空间上的全面安排,它把投入的各项资源、材料、构件、机械、运输、工人的生产、生活活动场地及各种临时工程设施合理地布置在施工现场,使整个现场能有组织地进行文明施工。

(5)主要技术经济指标

技术经济指标用以衡量组织施工的水平,它是对施工组织设计文件的技术经济效益进行全面的评价。

1.3.5 施工组织设计的作用和意义

施工组织设计是对拟建工程全过程合理安排实行科学管理的重要手段和措施。通过施工组织设计的编制,可以全面考虑拟建工程的各种施工条件,扬长避短,制定合理的施工方案、技术经济和组织措施,制定最优的进度计划(包括确保实施的准备工作计划);提供最优的临时设施,以及材料和机具在施工场地上的布置方案,只有这样,才能保证施工的顺利进行。

(1)施工组织设计统筹安排和协调施工中的各种关系

它把拟建工程的设计与施工、技术与经济、施工企业的全部施工安排与具体工程的施工组织工作更紧密的结合起来;它把直接参加施工的各单位、协作单位之间的关系,个施工阶段和过程之间的关系更好地协调起来。

(2)施工组织设计为有关建设工作决策提供依据

它为拟建工程的设计方案在经济上的合理性、在技术上的科学性和在实际工程上的可能性提供论证依据。它为建设单位编制基本建设计划和施工企业编制企业施工计划提供依据。

实践证明,拟建工程的施工组织设计编制的合理,并且在施工过程中认真贯彻执行,就可以保证其施工的顺利进行,取得好、快、省和安全的效果,早日发挥基本建设投资的经济效益和社会效益。

1.3.3 施工组织设计的分类及其关系

施工组织设计根据设计阶段和编制对象的不同大致可以分为施工组织总设计,单位工程施工组织设计和分部分项工程施工组织设计等三类。

(1)施工组织总设计

施工组织总设计是以一个建设项目为编制对象,规划施工全过程中各项活动的技术、经济的全局性、控制性文件。它是整个建设项目施工的战略部署,涉及范围较广,内容比较概括。它一般是在初步设计或扩大初步设计批准后,由总承包单位的总工程师负责,会同建设、设计和分包单位的工程师共同编制的。它也是施工单位编制年度施工计划和单位工程施工组织设计的依据。

(2)单位工程施工组织设计

单位工程施工组织设计是以单位工程为编制对象,用来指导施工全过程中各项活动的技术,经济的局部性、指导性文件。它是拟建工程施工的战术安排,是施工单位年度施工计划和施工组织总设计的具体化,内容应详细。它是在施工图设计完成后,由工程项目主管工程师负责编制的,可作为编制季度、月度计划和分部分项工程施工组织设计的依据。

(3)分部分项工程施工组织设计

分部分项工程施工组织设计是以分部分项工程为编制对象,用来指导施工活动的技术、经济文件。它结合施工单位的月、旬作业计划,把单位工程施工组织设计进一步具体化,是专业工程的具体施工设计。一般在单位工程施工组织设计确定了施工方案后,由施工队技术队长负责编制。

单位工程施工组织设计是施工组织总设计的继续和深化,同时也是单独的一个单位工程在施工图阶段的文件。分部分项工程施工组织设计,既是单位施工组织设计中某个分部分项工程更深、更细的施工设计,又是单独一个分部分项工程的施工设计。

1.3.6 编制施工组织设计和组织建筑施工过程中应遵循的基本原则

在编制施工组织设计和组织建筑施工过程中,一般应遵循的基本原则是:

(1)贯彻党和国家对基本建设的各项方针政策,严格执行基本建设程序。

(2)根据工程合同要求,结合工程及施工力量的实际情况,做好施工部署和施工方案的选定。

(3)统筹全局,组织好施工协作,分期分批组织施工,尽可能缩短工期。

（4）积极采用推广新技术、新工艺、新材料、新设备，加强建筑产品的预制工业化和机械化程度从而提高劳动生产效率。

（5）用科学的方法（流水施工方法、网络计划技术）组织施工，优化资源配置，以达到低投入、高产出的目的。

（6）落实人力、物力的综合平衡调配，做好季节性施工安排，保证全年均衡施工。

（7）坚持质量第一，确保施工安全，对关键部位的质量、安全问题认真周密地制订措施。

（8）合理紧凑地布置临时设施，减少暂设工程，节约施工成本。

编制施工组织计划时，还应考虑环保、环卫措施，减少环境污染和扰民，做到文明施工。

思考题及习题

1. 施工组织的研究对象和任务是什么？
2. 建筑产品及其生产特点主要有哪些？
3. 何谓基本建设，其程序主要分哪几个阶段？
4. 基本建设的目的是什么？
5. 施工组织设计的作用有哪些？
6. 施工组织设计的内容有哪些？
7. 施工组织设计的原则有哪些？

第2章 流水施工原理

学习要点：了解流水施工的概念；掌握流水施工的主要参数及其确定方法；了解流水施工的组织方式，掌握有节奏流水组织方法和无节奏流水组织方法。本章重点内容为流水作业参数的确定，有节奏流水组织方法，无节奏流水组织方法。

2.1 基 本 概 念

2.1.1 流水施工

任何建筑工程的施工都可分解成许多施工工序，其中包括劳动力、施工机具的调配、建材构件的供应组织等问题。在组织施工时，考虑工程项目的施工特点、工艺流程、资源利用、平面或空间布置等要求，其施工可以采用不同组织方式，下面通过一个例子对它们进行比较分析。

例 2-1 假设某住宅区拟建三幢结构相同的建筑物，其编号分别为Ⅰ、Ⅱ、Ⅲ，各建筑物的地面工程均可分解为回填土、铺垫层和浇混凝土三个施工工序，分别由相应的专业队按施工工艺要求依次完成，每个专业队在每幢建筑物的施工时间均为 2 周，各专业队的人数分别为 8 人、10人和 5 人。

施工组织可以采用依次施工的方式，也称顺序施工。这种方式是将一幢房屋地面工程的各施工过程（回填土、铺垫层和浇混凝土）依次全部完成后，再按同样的顺序施工第二幢房屋，一幢完成后再施工另一幢，依次完成每幢房屋的施工任务。这种方式的施工进度安排、总工期及劳动力需求曲线如图 2-1"依次施工"栏所示。其纵坐标为每天施工人数，横坐标为施工进度（天）。将每天施工投入的人数之和连接起来，即为劳动力需求动态变化曲线。

当然还可采用一种平行施工方式，就是组织几个相同的专业施工队，在同一时间不同的工作面上同时开工、同时竣工的施工组织方式。这种方式的施工进度安排、总工期及劳动力需求曲线如图 2-1"平行施工"栏所示。

施工织还可以采用流水施工的组织方式，就是按照施工的不同工序分别建立相应的专业施工工作队（回填土、铺垫层和浇混凝土）；各专业工作队按照一定的施工顺序投入施工，如组织专门的回填土施工队，第一幢回填土完工后直接去第二幢施工，完成后紧接着施工第三幢，依次、连续施工；不同的专业施工队伍在工作时间上最大限度地、合理地搭接起来；保证工程项目的施工全过程在时间上、空间上，有节奏、连续、均衡地进行下去，直到完成全部施工任务。这种方式的施工进度安排、总工期及劳动力需求曲线如图 2-1"流水施工"栏所示。

通过比较几种施工方式的工期和资源投入可以看出：

依次施工方式的工期较长（18 周），而且如果由一个工作队完成全部施工任务，则不能实现专业化施工，劳动生产率低。其优势是它的单位时间内投入的劳动力、施工机具、材料等资源种类单一、资源量较少，有利于资源供应的组织，并且施工现场的组织、管理比较简单。

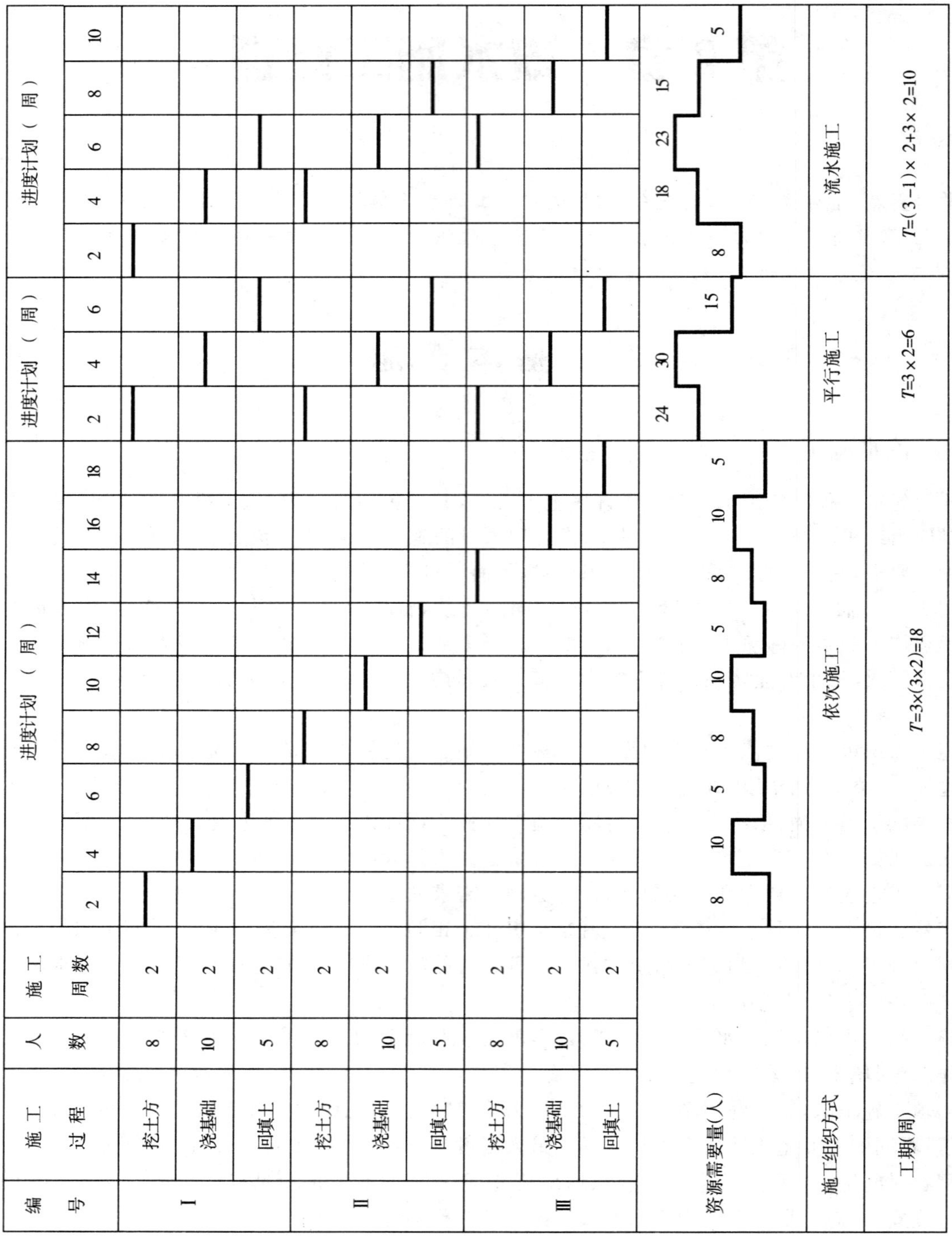

编号	施工过程	人数	施工周数
I	挖土方	8	2
I	浇基础	10	2
I	回填土	5	2
II	挖土方	8	2
II	浇基础	10	2
II	回填土	5	2
III	挖土方	8	2
III	浇基础	10	2
III	回填土	5	2

依次施工　进度计划（周）：2　4　6　8　10　12　14　16　18
资源需要量（人）：8　10　5　8　10　5　8　10　5
施工组织方式：依次施工
工期（周）：$T=3 \times (3 \times 2)=18$

平行施工　进度计划（周）：2　4　6
资源需要量（人）：24　30　15
施工组织方式：平行施工
工期（周）：$T=3 \times 2=6$

流水施工　进度计划（周）：2　4　6　8　10
资源需要量（人）：8　18　23　15　5
施工组织方式：流水施工
工期（周）：$T=(3-1) \times 2+3 \times 2=10$

图2-1　施工方式比较图

平行施工则充分地利用工作面进行施工,工期短(6 周)。但是,各专业队平行作业,单位时间内投入的劳动力、施工机具、材料等资源量成倍地增加,劳动力及施工机具等资源无法均衡使用,不利于资源供应的组织,而且施工现场的组织、管理比较复杂。

流水施工方式则尽可能地利用了工作面进行施工,工期比较短(10 周);各工作队实现了专业化连续施工,有利于提高技术水平和劳动生产率,也有利于提高工程质量,同时使相邻专业队的开工时间能够最大限度地搭接;它在单位时间内投入的劳动力、施工机具、材料等资源量较为均衡,有利于资源供应的组织;为施工现场的文明施工和科学管理创造了有利条件。

所以,对于工程量较小、任务只有一幢房屋的工程,常采用依次施工的方式。而当工期紧,有充分的工作面和资源供应保障时,采用平行施工组织方式才是合理的。相比而言,大多采用的流水施工方式是一种合理、科学的施工组织方式,它的时空连续性和组织均衡性在施工中体现出了优越的技术经济效果。

首先,流水施工施工工期较短,可以尽早发挥投资效益。由于流水施工的节奏性、连续性,可以科学的安排专业队的施工进度,减少停工、窝工损失。相邻专业队在开工时间上可以最大限度地进行搭接,充分地利用工作面,做到尽可能早地开始工作,从而达到缩短工期的目的,尽早获得经济效益和社会效益。

其次,实现专业化生产,流水施工方式可以提高施工技术水平和劳动生产率。由于使各工作队实现了专业化生产,工人连续作业,操作熟练,便于不断改进操作方法和施工机具,可以不断地提高施工技术水平和劳动生产率。

再次,流水施工提高工程质量,可以增加建设工程的使用寿命和节约使用过程中的维修费用。由于实现了专业化生产,工人技术水平高,而且各专业队之间紧密地搭接作业,互相监督,可以使工程质量得到提高。因而可以延长建设工程的使用寿命,同时可以减少建设工程使用过程中的维修费用。

此外流水施工降低了工程成本,可以提高承包单位的经济效益。由于资源消耗均衡,便于组织资源供应,使得资源储存合理,利用充分,可以减少各种不必要的损失,节约材料费;由于流水施工生产效率高,可以节约人工费和机械使用费;由于流水施工降低了施工高峰人数,使材料、设备得到合理供应,可以减少临时设施工程费;由于流水施工工期较短,可以减少企业管理费。工程成本的降低,可以提高承包单位的经济效益。

2.1.2 流水施工参数

在组织工程项目流水施工时,用以表达流水施工在施工工艺、空间布置和时间安排方面开展状态的参数,统称为流水参数。流水施工的主要参数,按其性质的不同,一般可分为工艺参数、空间参数和时间参数三种。

1. 工艺参数

在组织流水施工时,表达流水施工在施工工艺上开展顺序及其特征的参数,称为工艺参数,通常包括施工过程数和流水强度两种。

(1)施工过程数(n)

组织建设工程流水施工时,根据施工组织及计划安排需要而将计划任务划分成的子项称为施工过程。如在例1-1中,将建筑物的地面工程分解为回填土、铺垫层和浇混凝土三个施工工序,即为三个施工过程。

　　施工过程划分的粗细程度由实际需要而定,当编制控制性施工进度计划时,组织流水施工的施工过程可以划分得粗一些,施工过程可以是单位工程,也可以是分部工程;当编制实施性施工进度计划时,施工过程可以划分得细一些,施工过程可以是分项工程,甚至是将分项工程按照专业工种不同分解而成的施工工序。

　　施工过程的数目一般用 n 表示,它是流水施工的主要参数之一。根据其性质和特点不同,施工过程一般分为三类,即制备类施工过程、运输类施工过程和建造类施工过程。

　　① 制备类施工过程。是指为了提高建筑产品的工厂化程度和生产能力而形成的施工过程。如砂浆、混凝土、各类制品、门窗等的制备过程和混凝土构件的预制过程。

　　② 运输类施工过程。是指将建筑材料、各类构配件、成品、制品和设备等运到工地仓库或施工现场使用地点的施工过程。

　　③ 建造类施工过程。是指在施工对象的空间上直接进行砌筑、安装与加工,最终形成建筑产品的施工过程。它是建设工程施工中占有主导地位的施工过程,如建筑物或构筑物的底下工程、主体结构工程、装饰工程等。

　　建造类施工过程占有施工对象的空间,直接影响工期的长短,,必须列入施工进度计划之中,并在其中大多作为主导施工过程或关键工作。运输类与制备类施工过程一般不占有施工对象的工作面,不影响工期,通常不需要列入流水施工进度计划之中。只有当其占有施工对象的工作面,影响工期时,才列入施工进度计划之中。例如,结构安装中的构件吊运施工过程也需要列入流水施工组织中。

　　(2)**流水强度(V)**

　　流水强度是指流水施工的某施工过程(专业工作队)在单位时间内所完成的工程量,也称流水能力或生产能力。例如,浇筑混凝土施工过程的流水强度是指每工作班浇筑的混凝土立方数。

　　流水强度可用公式(2-1)计算求得:

$$V = \sum_{i=1}^{x} R_i \cdot S_i \qquad (2-1)$$

式中　V——某施工过程(队)的流水强度;

　　　　R_i——投入该施工过程中的第 i 种资源量(施工机械台班数或工人数);

　　　　S_i——投入该施工过程中的第 i 种资源的产量定额;

　　　　x——投入该施工过程中的资源种类数。

2. 空间参数

　　空间参数是指在组织流水施工时,用以表达流水施工在空间上开展状态的参数。通常包括工作面和施工段、施工层。

　　(1)**工作面**

　　工作面指供某专业工人或施工机械进行施工的所需活动空间。工作面的大小,反映安排施工人数或机械台数的在空间上布置的可能性。每个工人或每台施工机械所需工作面的大小是根据相应工种单位时间内的产量定额、工程操作规程和安全规程等的要求确定的。工作面确定的合理与否,直接影响到专业工种工人的劳动生产效率,因此必须认真对待,合理确定。组织施工时,不能为了加快进度而无限制的增加施工人数,必须保证安全生产和有效操作所需的最小工作面,否则,将造成工作面不足而产生"窝工"现象。主要专业工种工作的最小工作面参考数据可见表 2-1。

表 2-1 主要专业工种工作面参考数据

工作项目	每个技工的工作面	说　明
砖基础	7.6m/人	以 1 砖半计,2 砖乘以 0.8,3 砖乘以 0.5
砌砖墙	8.5m/人	以 1 砖半计,2 砖乘以 0.71,3 砖乘以 0.57
砌毛石墙基	3m/人	以 60cm 计
砌毛石墙	3.3m/人	以 60cm 计
浇筑混凝土柱、墙基础	8m³/人	机拌、机捣
浇筑混凝土设备基础	7m³/人	机拌、机捣
现浇钢筋混凝土柱	2.5m³/人	机拌、机捣
现浇钢筋混凝土梁	3.20m³/人	机拌、机捣
现浇钢筋混凝土墙	5m³/人	机拌、机捣
现浇钢筋混凝土楼板	5.3m³/人	机拌、机捣
预制钢筋混凝土柱	3.6m³/人	机拌、机捣
预制钢筋混凝土梁	3.6m³/人	机拌、机捣
预制钢筋混凝土屋架	2.7m³/人	机拌、机捣
预制钢筋混凝土平板、空心板	1.91m³/人	机拌、机捣
预制钢筋混凝土大型屋面板	2.62m³/人	机拌、机捣
浇筑混凝土地坪及面层	40m²/人	机拌、机捣
外墙抹灰	16m²/人	
内墙抹灰	18.5m²/人	
作卷材屋面	18.5m²/人	
作防水水泥砂浆屋面	16m²/人	
门窗安装	11m²/人	

(2)施工段数(m)

在组织流水施工时,将施工对象划分成若干个劳动量大致相等的施工段落,称为施工段或流水段。施工段的数目一般用 m 表示,它是流水施工的主要参数之一。如在例 1-1 中,三幢结构相同的建筑物就可视为三个大的施工段。

一般情况下,一个施工段在同一时间内只安排一个专业工作队施工。为了让不同的队组能在不同的施工区段上同时进行施工,既能充分利用工作面,又避免窝工,就必须要划分足够数量的施工段。在组织流水施工时,工作队完成一个施工段上的任务后,按照施工组织的顺序又到另一个施工段上进行流水作业;各专业工作队遵循施工工艺的顺序依次开始施工(进入流水),在同一时间内、在不同的施工段上同时施工,使流水施工连续、均衡地进行下去。

施工段的划分,一般应遵循下列原则:

① 同一专业施工队在各个施工段上的劳动量应大致相等,相差幅度不宜超过 15%。

② 施工段的界限应与结构界限(如沉降缝、伸缩缝等)尽可能相一致,尽量减小对建筑结构整体性的影响。

③ 对各施工过程,施工段内均要有足够的工作面,以保证合理的劳动组织。

④ 施工段的数目要满足合理组织流水施工的要求。施工段数目过多,则不能充分利用工作面,降低施工速度,延长工期;施工段过少,则可能因不能连续施工而造成窝工。

⑤ 对于多层建筑物等需要分层施工的工程,既分施工段又分施工层时,各专业施工队在依次完成第一施工层中各施工段任务后,还需要转入第二施工层的施工段上作业,因此每层的施工段数必须大于或等于其施工过程数,即:$m_0 \geq n$,以确保相应专业队在施工段与施工层之间组织连续、均衡、有节奏地流水施工。

当 $m_0 = n$ 时,各施工队能够连续施工,各施工段上始终有施工队,工作面能充分利用,无停歇现象,也不会产生工人窝工现象,比较理想。

当 $m_0 > n$ 时,各施工队仍是连续施工,但施工段上有停歇,工作面未被充分利用。但有时工作面的停歇并不一定有害,如可以利用停歇的时间做养护、备料、弹线等工作。应避免施工段数目过多,导致工作面闲置,不利于缩短工期。

当 $m_0 < n$ 时,尽管施工段上没有停歇,但因为专业施工队数超过施工段数,首个施工队完成本层流水后,尚有施工队未进入本层的流水过程,必须等待末个施工队至少完成一个施工段的工作后(提供下一层的首个工作面),首个施工队才能进入下一层施工段施工,各施工队因而轮流出现窝工现象。

(3)施工层

在组织多层建筑物工程项目流水施工时,为了满足专业施工队对施工高度和施工工艺的要求,通常将拟建工程项目在竖向上划分为若干个区段,这些区段称为施工层。

按施工项目的具体情况,根据一定的高度或是相应的结构层来确定施工层的划分。如单厂砌筑工程的施工,一般按高度 1.2～1.4m 划分一个施工层;装饰工程等可按楼层划分施工层。

3. 时间参数

时间参数是指在组织流水施工时,用以表达流水施工在时间上的状态的参数,主要包括流水节拍、流水步距、间歇时间、平行搭接时间和流水工期等。

(1)流水节拍(t)

流水节拍是指在组织流水施工时,一个施工过程(或专业工作队)在一个施工段上的施工持续时间。第 j 个专业工作队在第 i 个施工段的流水节拍一般用 $t_{j,i}$ 来表示($j=1,2,\cdots,n;i=1,2,\cdots,m$)。如在例 1 中,$t_{j,i}$ 均为 2 周。

流水节拍的大小,可以反映出流水施工速度的快慢、节奏感的强弱和资源消耗量的多少。根据其数值特征,一般将流水施工又分为等节拍专业流水、异节拍专业流水和无节奏专业流水等施工组织方式。

流水节拍可以按下列方法确定:

$$t_{j,i} = \frac{Q_{j,i}}{S_i \cdot R_i \cdot N_i} = \frac{P_{j,i}}{R_i \cdot N_j} \tag{2-2}$$

或

$$t_{j,i} = \frac{Q_{j,i} \cdot H_j}{R_i \cdot N_i} = \frac{P_{j,i}}{R_i \cdot N_j} \tag{2-3}$$

式中 $t_{j,i}$——第 j 个专业工作队在第 i 个施工段的流水节拍;

$Q_{j,i}$——第 j 个专业工作队在第 i 施工段要完成的工程量或工作量;

S_i——第 j 个专业工作队的计划产量定额;

H_j——第 j 个专业工作队的计划时间定额；

R_i——第 j 个专业工作队在第 i 个施工段需要的劳动量或机械台班数量；

R_j——第 j 个专业工作队所投入得人工数或机械台数；

N_j——第 j 个专业工作队的工作班次。

如果根据工期要求确定流水节拍时，可用式(2-3)反算出所需要的人工数或机械台班数。这种情况下，必须检查劳动力、材料和施工机械供应的可能性，以及工作面是否足够等。

对于采用新结构、新工艺、新方法和新材料等没有定额可循得工程项目，则接以往的施工经验估算流水节拍。

(2)流水步距(K)

组织流水施工时，相邻两个施工过程或专业施工队相继开始进入流水施工的间隔时间，叫流水步距。流水步距一般用 $K_{j,j+1}$ 来表示，其中 $j(j=1,2,\cdots,n-1)$ 为专业施工队或施工过程的编号。它是流水施工的主要参数之一。如在例 1-1 中，铺垫层的施工过程进入第一施工段开始施工 2 周后，浇混凝土的施工过程开始进入第一施工段施工，这两个相邻的施工过程的进入施工流水的时间间隔为 2 天，即流水步距 $K_{2,3}=2$。

流水步距的数目取决于参加流水的施工过程数。如果施工过程数为 n 个，则流水步距的总数为 $n-1$ 个。

流水步距的大小取决于相邻两个施工过程(或专业工作队)在各个施工段上的流水节拍及流水施工的组织方式。确定流水步距时，一般应满足以下基本要求：

① 始终满足相邻两个施工过程，在施工工艺先后顺序上的相互制约关系；

② 各施工过程投入流水施工后尽可能保持连续作业，避免停工、窝工；

③ 相邻两个施工过程在满足连续施工的条件下，能最大限度地实现合理搭接(前一施工过程完成后，后一施工过程尽可能早的进入施工)。

根据以上基本要求，在不同的流水施工组织形式中，可以采用不同的方法确定流水步距。

(3)流水施工工期

流水施工工期是指从第一个专业队投入流水施工开始，到最后一个专业工作队完成流水施工为止的整个持续时间。在例 1-1 中，流水施工的工期即为 10 周。

(4)间歇时间

① 工艺间歇时间($G_{j,j+1}$)

在组织工程项目流水施工时，除要考虑相邻专业施工班组之间的流水步距外，有时要根据建筑材料或现浇构件等的工艺性质，还要考虑合理的工艺等待间歇时间，这个等待时间称为工艺间歇或技术间歇时间，如混凝土浇筑后的养护时间、砂浆抹面和油漆面的干燥时间等。

② 组织间歇时间($Z_{j,j+1}$)

在组织工程项目流水施工中，由于施工技术或施工组织的原因，而造成的在流水步距以外增加的间歇时间，称为组织间歇时间，如墙体砌筑前的墙身位置弹线，施工人员、机械转移，回填土前地下管道的检查验收等。

在组织工程项目流水施工时，技术间歇和组织间歇时间有时要统一考虑，有时要分别考虑，施工中可根据具体情况分别对待，但二者的概念、内容和作用是不同的，必须结合具体情况灵活处理。

(5)平行搭接时间($C_{j,j+1}$)

在组织工程项目流水施工时，相邻两个专业施工队在同一施工段上的关系，一般是前一施工队完成全部任务后一施工队才能开始。但有时为了缩短工期，在工作面允许的条件下，如果前一个专业施工队完成部分施工任务后,能够提前为后一个专业施工队提供工作面,使后者提前进入同一个施工段,两者在同一施工段上平行搭接施工,这个搭接的时间称为平行搭接时间。

2.1.3 流水施工的表达方式

流水施工的表达方式有横道图、斜线图和网络图等。

(1)流水施工的横道图表示法

例1-1 中地面工程流水施工的横道图表示法如图2-2所示。图中的横坐标表示流水施工的持续时间;纵坐标表示施工过程的名称或编号。3条带有编号的水平线段表示3个施工过程或专业工作队的施工进度安排,其编号①、②……表示不同的施工段。

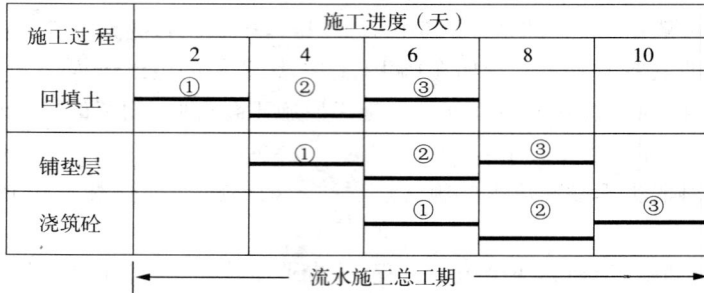

施工过程	施工进度（天）				
	2	4	6	8	10
回填土	①	②	③		
铺垫层		①	②	③	
浇筑砼			①	②	③

图 2-2　流水施工横道图表示法

横道图表示法,绘图简单,施工过程的先后顺序表达清楚,比较形象直观,因而被广泛用来表达施工进度计划。

(2)流水施工的垂直图表示法

同例1-1的地面工程流水施工的垂直图表示法如图2-3所示。图中的横坐标表示流水施工的持续时间;纵坐标表示流水施工所处的空间位置,即施工段的编号。3条斜向线段表示3个施工过程或专业工作队的施工进度。

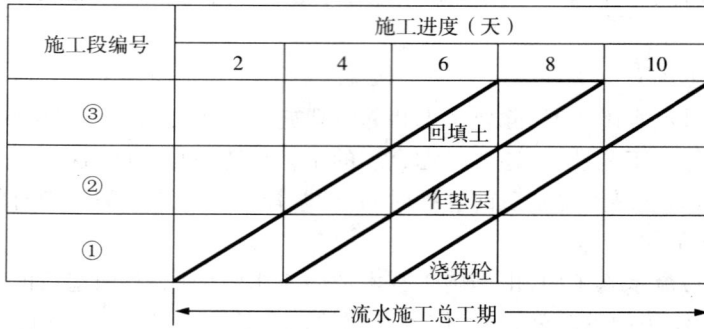

施工段编号	施工进度（天）				
	2	4	6	8	10
③				回填土	
②				作垫层	
①				浇筑砼	

图 2-3　流水施工垂直图表示法

垂直图表示法中,施工过程的先后顺序也能形象直观地表达清楚,而且斜线的斜率可以形象地表示出各施工过程的流水强度,但编制实际工程进度计划不如横道图方便。

(3)网络图

施工进度计划用网络图的表达方式详见第3章。

2.1.4　流水施工的基本组织方式

在流水施工中,为适应不同施工项目组织的特点和进度计划的安排要求,可从不同的角度将流水施工分为不同的种类进行分析研究,其中由于流水节拍的节奏规律不同,决定了流水步距、流水施工工期的计算方法等也不同,甚至影响到各个施工过程的专业工作队数目,因此,我们可按照流水的节奏性特征将流水施工进行分类,其分类情况如图 2-4 所示。

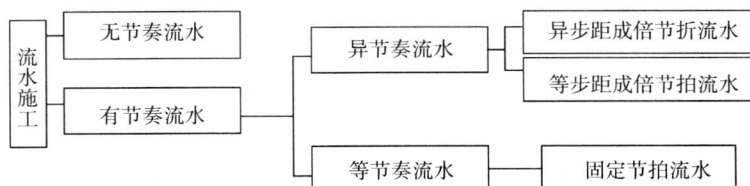

图 2-4　流水施工分类图

2.2　有节奏流水施工

有节奏流水施工是指在组织流水施工时,每一个施工过程在各个施工段上的持续时间都各自相等的流水施工,即各个施工过程的流水节拍分别为一固定值。

节奏流水施工可分为等节奏流水施工和异节奏流水施工。

2.2.1　固定节拍流水施工

有节奏流水施工中,各施工过程的流水节拍都相等的流水施工,称为等节奏流水施工,也叫固定节拍流水施工或全等节拍流水施工。

（1）固定节拍流水施工的特点

施工计划如例 1-1 的流水组织方式即为一固定节拍的流水施工,它是一种理想化的的流水施工方式,所有施工过程在各个施工段上的流水节拍均相等为 2 周;相邻施工过程的流水步距相等,且等于流水节拍为 2 周;专业工作队数等于施工过程数,即每一个施工过程成立一个专业工作队,按回填土、铺垫层和浇筑砼三个施工过程成立三个专业工作队,由该队完成相应施工过程所有施工段上的任务;各个专业工作队在各施工段上能够连续作业,施工段之间没有空闲的时间。

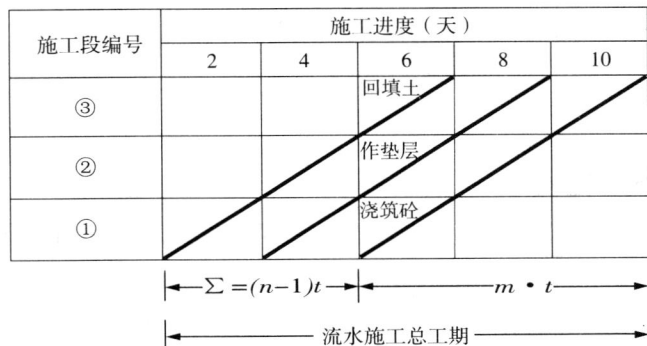

图 2-5　流水施工工期

(2)无间隙时间的固定节拍流水施工

无间隙时间的固定节拍流水施工,其流水施工工期 T,从图 2-5 的垂直图表可以看出,等于所有步距之和加上最后一个施工过程持续的总时间,如按公式(2-4)计算:

$$T=(n-1)t+m \cdot t=(m+n-1) \cdot t \tag{2-4}$$

(2-4)中符号如前所述。

例 1-1 中, $\qquad T=(3+3-1) \times 2=10(周)$

(3)有间歇时间、平行搭接时间的固定节拍流水施工

对于有间歇时间、平行搭接时间的固定节拍流水施工,其流水施工工期 T 的计算只要无间隙时间的固定节拍流水施工的基础上加上或减去相应的间歇、搭接时间即可,按公式(2-5)计算:

$$T=(n-1)t+m \cdot t+\sum G+\sum Z-\sum C=(m+n-1) \cdot t+\sum G+\sum Z-\sum C \tag{2-5}$$

(2-5)中符号如前所述。

例 2-1 某分部工程由四个分项工程组成,即 A、B、C、D 四个施工过程,分解成四个施工段,各施工过程的流水节拍均为 4 天,根据工艺要求,A 完成后需技术间歇 2 天,无组织间歇,而 C 与 D 安排搭接施工 2 天,试组织固定节拍流水

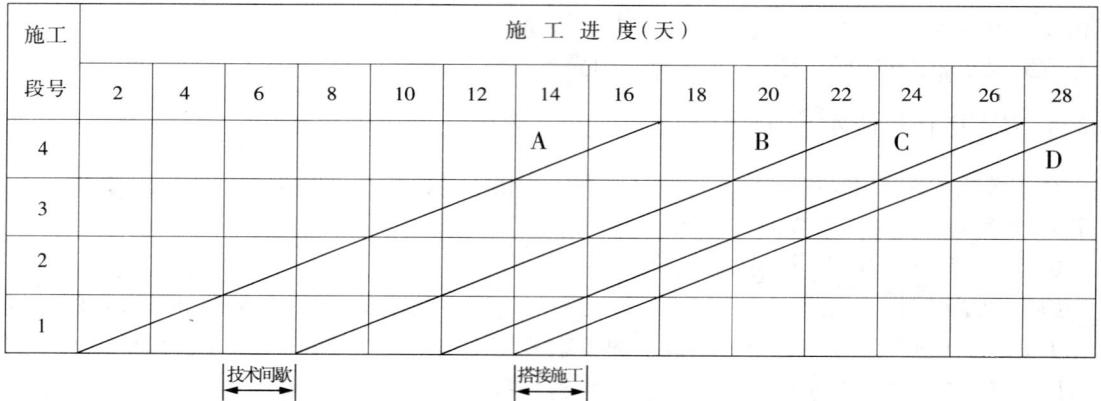

图 2-6 有间歇时间、平行搭接时间的固定节拍流水施工进度计划

在计划中,施工过程数目 $n=4$;施工段数目 $m=4$;流水节拍 $t=4$;流水步距 $K=4$;组织间歇 $\sum Z=0$;工艺间歇 $\sum G=G_{A,B}=2$;提前插入时间 $\sum C=C_{c,d}=2$ 因此,其流水施工工期为:

$$T=(m+n-1) \cdot t+\sum G+\sum Z-\sum C=(4+4-1) \times 4+2+0-2=28 \text{ 天}$$

2.2.2 成倍节拍流水施工

在有节奏流水施工中,各施工过程的流水节拍各自相等而不同施工过程之间的流水节拍不尽相等的流水施工叫成倍节拍流水施工。

固定节拍的流水施工是一种理想化的流水施工方式。通常,在一施工段上,不同的施工过程,流水节拍的影响因素各不相同,很难做到使各个施工过程的流水节拍都彼此相等,比较难于组织固定节拍的流水施工。但是,如果施工段划分得当,保持同一施工过程各施工段的流水节拍

相等是不难实现的。这样就使得施工过程的流水节拍互成一定的倍数关系,即可组织成倍节拍流水施工。

在组织成倍节拍流水施工时,又可以采用等步距和异步距两种方式。

异步距异节奏流水施工也称为一般成倍流水节拍施工,是指在组织流水施工时,每个施工过程只成立一个专业工作队,由其完成各施工段任务的流水施工。

等步距异节奏流水施工也称为加快成倍流水节拍施工,是指在组织流水施工时,按各个流水节拍之间的比例关系,每个施工过程成立相应的专业工作队而进行的流水施工。

为了缩短流水施工的工期,一般均采用加快的成倍节拍流水施工方式。

(1)加快的成倍节拍流水施工的特点

加快的成倍节拍流水施工的特点是,同一施工过程在其各个施工段上的流水节拍均相等;不同施工过程的流水节拍不等,但其值为倍数关系;相邻施工过程的流水步距相等,且等于流水节拍的最大公约数;专业工作队数大于施工过程数,即有的施工过程只成立一个专业工作队,而对于流水节拍大的施工过程,可按其倍数增加相应专业工作队数目;各个专业工作队在施工段上能够连续作业,施工段之间没有空闲时间。

(2)加快的成倍节拍流水施工工期

加快的成倍节拍流水施工工期 T 可按公式(2-6)计算:

$$T=(n'-1)K+\sum G+\sum Z-\sum C+m\cdot K=(m+n'-1)K+\sum G+\sum Z-\sum C \qquad (2-6)$$

式中　n'——专业工作队总数目,$n'=\sum b_j$

　　　K——各流水节拍的最大公约数,其余符号如前所述。

每个施工过程成立的专业工作队数目可按公式(2-7)计算:

$$b_j=\frac{t_j}{K} \qquad (2-7)$$

式中　b_j——第 j 个施工过程的专业工作队数目;

　　　t_j——第 j 个施工过程的流水节拍;

例 3-1　某工程有四幢同类型单元组成的住宅建筑,每个单元由四个施工过程组成,各施工过程在每个单元上的持续时间分别为 $t_1=4$ 天,$t_2=8$ 天,$t_3=t_4=4$ 天。若每幢单元视为一个施工段,则划分为四个施工段进行施工,组织加快成倍节拍流水作业表。

解:(1)按各流水节拍的最大公约数计算流水步距:$K=t_{\min}[4,8,4,4]=4$ 天

(2)确定各施工过程的班组数

$$b_1=\frac{t_1}{K}=\frac{4}{4}=1 \text{ 组} \qquad b_2=\frac{t_2}{K}=\frac{8}{4}=2 \text{ 组}$$

$$b_3=\frac{t_3}{K}=\frac{4}{4}=1 \text{ 组} \qquad b_4=\frac{t_4}{K}=\frac{4}{4}=1 \text{ 组}$$

∴施工班组总数为:$N'=\sum b_j=b_1+b_2+b_3+b_4=1+2+1+1=5$ 组

(3)计算总工期为:$T=(M+N'-1)K=(4+5-1)\times4=32$ 天

(4)在加快的成倍节拍流水施工进度计划图中,除施工过程的编号或名称外,还应标明专业队的编号。注意有多个专业工作队的施工过程,其各专业工作队连续作业的施工段编号不是连续的。绘制加快的成倍节拍流水施工进度计划如图 2-7 所示。

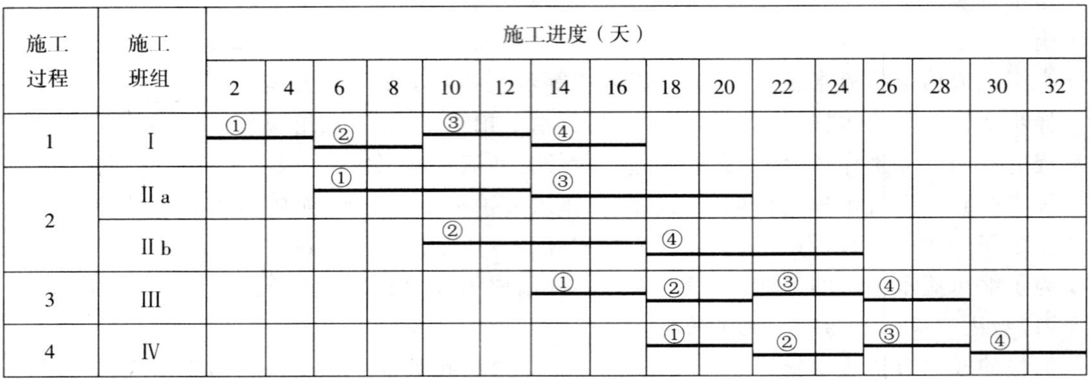

施工过程	施工班组	施工进度（天）															
		2	4	6	8	10	12	14	16	18	20	22	24	26	28	30	32
1	I	①		②		③		④									
2	IIa			①				③									
	IIb					②				④							
3	III							①		②		③		④			
4	IV									①		②		③		④	

图 2-7　加快的成倍节拍流水施工进度计划

如果按 4 个施工过程成立 4 个专业工作队，组织一般的成倍节拍流水施工，其进度计划如图 2-8 所示。

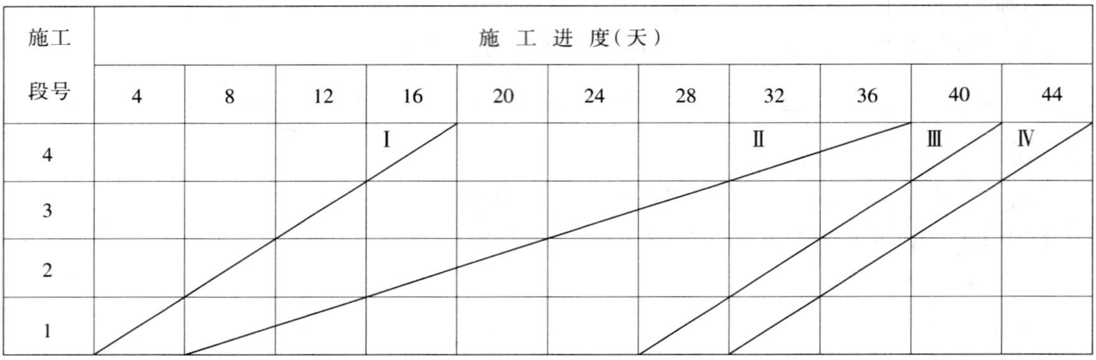

施工段号	施工进度（天）										
	4	8	12	16	20	24	28	32	36	40	44
4				I				II		III	IV
3											
2											
1											

图 2-8　一般成倍节拍流水施工进度计划

其总工期为：$T = (4 + 20 + 4) + 4 \times 4 = 44$ 周

与一般的成倍节拍流水施工进度计划比较，该工程组织加快的成倍节拍流水施工可是总工期缩短了 12 周。

2.3　无节奏流水施工

无节奏流水施工是指同一施工过程在各个施工段上流水节拍不全相等的一种流水施工组织方式。

在实际工程中，通常每个施工过程在各个施工段上的工程量彼此不等，各专业施工队的生产效率相差较大，导致各施工过程的流水节拍随施工段的不同而彼此不相等，且不同施工过程之间的流水节拍又有不同差异，这样组织的流水施工就是无节奏流水施工，是流水施工的最普遍的形式。

（1）无节奏流水施工的特点

无节奏流水施工的各施工过程在各施工段的流水节拍不全相等，也没有特别的规律；相邻施工过程的流水步距不尽相等，为了保证流水施工的连续性，关键是流水步距的确定；每个施工过程在每个施工段上均由一个专业施工队伍独立完成，即施工专业工作队数等于施工过程数；各专业工作队能够在施工段上连续作业,但有的施工段之间可能有空闲时间。

(2)无节奏流水施工的组织

无节奏流水施工的实质是同样是进行各专业施工队连续作业。无节奏流水利用了流水施工的基本概念,在保证施工工艺、满足施工顺序要求的前提下,施工队进行连续作业,并要使得前后工作队之间的工作紧密衔接,且工作队之间在同一个施工段内又不相互干扰(后一工作不超前,但可能滞后造成有工作面上的停歇),我们可以按照一定的计算方法,确定相邻专业施工队组之间的流水步距,使其在开工时间上最大限度地、合理地搭接起来,形成每个专业施工队组都能连续作业的流水施工方式。据此,正确计算确定流水步距,是组织无节奏流水施工的关键。

在无节奏流水施工中,通常采用累加数列错位相减取大差法计算流水步距,又称为潘特考夫斯基法。

累加数列错位相减取大差法的基本步骤如下:

① 对每一个施工过程在各施工段上的流水节拍依次累加,求得各施工过程流水节拍的累加数列;

② 将相邻施工过程流水节拍累加数列中的后者错后一位,前后相减后求得一个差数列;

③ 在差数列中取最大值,即为这两个相邻施工过程的流水步距。

流水步距确定后,流水施工工期就可按公式(2-8)计算:

$$T = \sum K + t_n + \sum G + \sum Z - \sum C \qquad (2-8)$$

式中　　T——流水施工工期;

　　　　$\sum K$——各施工过程(或专业工作队)之间流水步距之和;

　　　　t_n——最后一个施工过程(或专业工作队)在各施工段上的工作持续时间之和;

　　　　$\sum Z$——组织间歇时间之和;

　　　　$\sum G$——工艺间歇时间之和;

　　　　$\sum C$——平行搭接时间之和;

例 1-4　某现浇钢筋混凝土工程,由支模、绑扎钢筋、浇砼、拆模板和回填土五个分项工程组成,在平面上划分四个施工段,各分项工程在各个施工段上的施工持续时间分别为:支模 2 天、3 天、2 天、3 天,绑扎钢筋 3 天、3 天、4 天、4 天,浇砼 2 天、1 天、2 天、2 天,拆模板 1 天、2 天、1 天、1 天,回填土 2 天、3 天、2 天、2 天,支模与绑扎钢筋可以搭接 1 天,在砼浇筑后至拆模板必须有 2 天的养护时间,试组织该工程流水施工。

解:①求各专业工作队的累加数列

支模:　　2,　5,　7,　10

扎筋:　　3,　6,　10,14

浇砼:　　2,　3,　5,　7

拆模:　　1,　3,　4,　5

回填土:　2,　5,　7,　9

② 错位相减

1 与 2：

$$
\begin{array}{r}
2, \quad 5, \quad 7, \quad 10 \\
-)\quad 3, \quad 6, \quad 10, \quad 14 \\
\hline
2, \quad 2, \quad 1, \quad 0, \quad -14
\end{array}
$$

2 与 3：

$$
\begin{array}{r}
3, \quad 6, \quad 10, \quad 14 \\
-)\quad 2, \quad 3, \quad 5, \quad 7 \\
\hline
3, \quad 4, \quad 7, \quad 9, \quad -7
\end{array}
$$

3 与 4：

$$
\begin{array}{r}
2, \quad 3, \quad 5, \quad 7 \\
-)\quad 1, \quad 3, \quad 4, \quad 5 \\
\hline
2, \quad 2, \quad 2, \quad 3, \quad -5
\end{array}
$$

4 与 5：

$$
\begin{array}{r}
1, \quad 3, \quad 4, \quad 5 \\
-)\quad 2, \quad 5, \quad 7, \quad 9 \\
\hline
1, \quad 1, \quad -1, \quad -2, \quad -9
\end{array}
$$

③ 确定流水步距

$$K_{1.2}=2d, \quad K_{2.3}=9d, \quad K_{3.4}=3d, \quad K_{4.5}=1d$$

$$T=\sum K+t_n+\sum G+\sum Z-\sum C=(2+9+3+1)+9+2+0-1=25d$$

④ 绘进度计划图

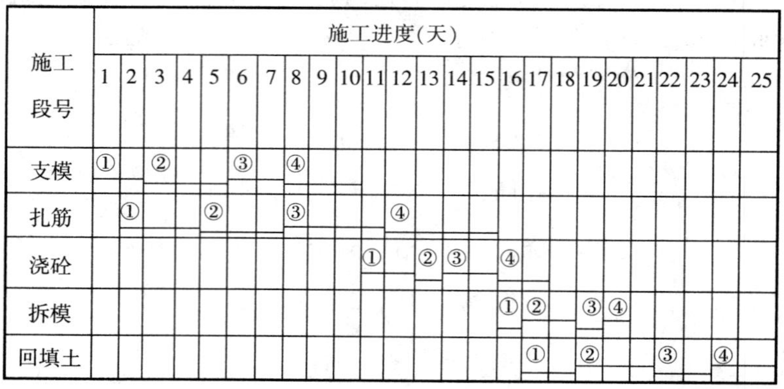

施工段号	施工进度(天)																								
	1	2	3	4	5	6	7	8	9	10	11	12	13	14	15	16	17	18	19	20	21	22	23	24	25
支模	①		②			③		④																	
扎筋		①			②			③				④													
浇砼											①		②③			④									
拆模																①②			③④						
回填土																①		②			③		④		

图 2-9 无节奏流水施工进度计划

思考题及习题

1. 组织施工的方式有哪些,特点是什么?

2. 流水施工的表达方式有哪些?

3. 流水施工参数有哪些? 其意义如何?

4. 何谓等节奏流水施工?

5. 说明无节奏流水施工的组织方法,如何确定流水步距?

6. 有一六层建筑,每层有四个施工过程各组织一个专业队进行等节奏施工,流水节拍为 8 天(施工技术上无搭接也不间歇),则该工程的工期为多少天。

7. 某工程有两个施工过程,技术上不准搭接,划分四个流水段,组织两个专业队进行等节奏流水施工,流水节拍为 4 天,则该工程的工期为多少天。

8. 某项目组成了甲、乙、丙、丁共四个专业队进行等节奏流水施工,流水节拍为 6 周,最后一个专业队(丁队)从进场到完成各施工段的施工共需 30 周。根据分析,乙与甲、丙与乙之间各需 2 周技术间歇,而经过合理组织,丁对丙可提前插入 3 周进厂,该项目总工期为多少周。

9. 某工程分 4 段,按甲、乙、丙、丁 4 个施工过程进行施工,有关施工参数见下表所列,则该工程施工的总工期为多少天。

施工过程	流水节拍			
	一段	二段	三段	四段
甲	2	3	4	4
乙	3	2	3	4
丙	2	4	2	4
丁	4	3	2	2

10. 某工程包括四项施工过程,各施工过程按最合理的流水施工组织确定的流水节拍为: $t_1 = t_2 = t_3 = t_4 = 2$ 天,并有 $Z_{2,3} = 1$ 天, $C_{3,4} = 1$ 天; $t_1 = 4$ 天, $t_2 = 2$ 天, $t_3 = 4$ 天, $t_4 = 2$ 天,并有 $Z_{2,3} = 2$ 天。试分别组织流水施工,绘制出施工进度表。

第3章　网络计划技术

学习要点：了解网络计划技术的特点，掌握双代号、单代号、单代号搭接网络图的绘制和计算方法；了解网络进度计划的应用，掌握网络图的优化方法。本章重点内容是双代号、单代号、单代号搭接网络图的绘制和时间参数的计算方法。

3.1　双代号网络图

20 世纪 50 年代中期，国外陆续出现了许多计划与管理的新方法，如关键线路法（CPM）、计划评审技术（PERT）等。这些方法都是用网络图来表达计划的内容，因此，统称为网络计划技术。20 世纪 60 年代中期，我国著名数学家华罗庚教授首先将网络计划技术引进国内，并根据网络计划技术的核心——统筹兼顾、适当安排的思想，将网络计划技术称之为"统筹方法"。

网络计划技术的基本原理是：首先绘制出拟建工程施工进度网络图，用以表达一项计划中各项工作的开展顺序及其相互之间的逻辑关系；然后通过对网络图的时间参数进行计算，找出网络计划的关键工作和关键线路；再按选定的工期、成本或资源等不同的目标，对网络计划进行调整、改善和优化处理，选择最优方案加以实施；最后在网络计划的执行过程中，对其进行有效的控制与监督，以确保拟建工程施工按网络计划确定的要求顺利完成。

网络图中，按节点和箭线所代表的含义不同，可分为双代号网络图和单代号网络图两大类。

3.1.1　双代号网络图

双代号网络图通常由箭线和节点组成，是用来表示工作流程的有向、有序网状图形。双代号网络图中，以圆圈节点表示工作的开始或结束，以箭线及两端节点表示一项工作，如图 3-1 所示。

1. 工作、虚工作

（1）工作

工作是网络图的基本组成部分。根据计划编制的粗细程度不同，工作既可以是一项简单的工序操作，也可以是一个复杂的施工过程或一个工程项目，它需要消耗时间或资源。如图 3-1 中，工作 A_2 起始于节点 2，结束于节点 3，持续时间为 4 天，。可见，工作的表示方法是用箭线表示的，箭尾表示工作的开始，箭头表示工作的完成，箭头的方向表示工作的进展方向；工作的名称或内容写在箭线的上面，工作的持续时间写在箭线的下面。

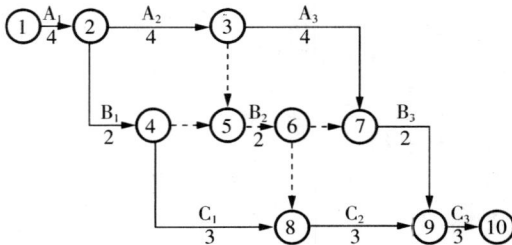

图 3-1　网络图

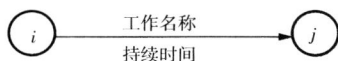

在无时间坐标的网络图中,箭线的长短与时间无关。箭尾和箭头的编号就是该工作的代号。一个工作有两个代号,故称此为双代号。所以,图 3-1 中工作 A_2 又可称为工作 2-3。

（2）虚工作

双代号网络图中,有时为了仅仅表示相邻工作之间的先后逻辑关系,引入了一个虚拟工作,它不是一项具体的工作,既不消耗时间,也不消耗资源。虚工作用虚箭线表示,如图 3-1 中工作 3—5,4—5,6—8 等。

虚工作一般有联系、区分、断路三个作用。

2. 节点

双代号网络图中的圆圈表示工作之间的联系,在网络图上称为节点。在时间上它表示指向某节点的工作全部完成后,该节点后面的工作才能开始,所以节点也称为事件或一瞬间的事,反映了在这一瞬间,出现前后工作的交接过程。如图 3-1 中,节点 2 表示在这一刻,前面的工作 A_1 结束,后面的工作 A_2、B_1 开始。

节点可用"○"或其他封闭形状的图形(三角框、矩形框等)表示,圆圈中编上正整数,称为节点编号。编号的顺序是该箭尾号码小于箭头的号码,在同一个网络图中没有相同的节点编号。

3. 线路

线路是指网络图中从开始节点到结束节点的各条路径的全程。

如图 3-1 所示网络图的线路数目和线路长度(即该线路的总持续时间)计算如下:

第 1 条线路:①—②—③—⑦—⑨—⑩＝17 天

第 2 条线路:①—②—③—⑤—⑥—⑦—⑨—⑩＝15 天

第 3 条线路:①—②—③—⑤—⑥—⑧—⑨—⑩＝16 天

第 4 条线路:①—②—④—⑤—⑥—⑦—⑨—⑩＝13 天

第 5 条线路:①—②—④—⑤—⑥—⑧—⑨—⑩＝14 天

第 6 条线路:①—②—④—⑧—⑨—⑩＝15 天

通过计算,在这些线路中,可以找到总持续时间最长的线路,该线路称为关键线路。需要注意的是,当总持续时间最长的线路不止一条时就会出现多条关键线路。

位于关键线路上的工作称为关键工作。关键工作在网络图上常用黑粗线或双线箭杆表示。

从上述计算分析中可知,第 1 条线路的长度为 17 天,是最长的关键线路,它表明此网络图从开始到结束必须要经历的最长的时间过程,所以这就是是该项工程的计划工期。由此可以看出,关键工作完成的快慢直接影响到整个工程的工期。其余的五条线路为非关键线路,其中,第 3 条线路的长度为 16 天,是仅次于关键线路的次关键线路。

关键线路长度与某非关键线路长度之间的差值为该"非关键线路"的机动时间。在机动时间范围内,可以减少某些非关键工作上的人力、物力,放慢施工进度,将节省下来的人力、物力转移到某些关键工作上去,用以加快关键工作的施工速度,缩短工期;也可在机动时间范围内,调整某些非关键工作的开工、完工时间,以达到均衡施工的目的。

工作、节点和线路为双代号网络图的三要素。

通常将用网络图表达任务构成、工作顺序并加注各项工作的时间参数而成的工作进度计划称为网络计划。网络计划有以下作用：

(1)网络计划能明确表达各项工作之间的逻辑关系；

(2)网络计划通过计算和分析,可以找出关键工作路线；

(3)网络计划通过计算和分析,能确定可以利用的动机时间；

(4)网络计划通过计算和分析,可以得到许多用于计划控制的时间信息；

(5)网络计划可以利用计算机进行计算、调整和优化。

3.1.2 逻辑关系

工作之间的先后顺序关系称为逻辑关系,它客观地反映了各个工作之间相互依赖、相互制约的关系。这种工作之间逻辑关系的正确反映,也是网络图计划与横道图计划的最大不同之处。

逻辑关系包括工艺逻辑关系和组织逻辑关系两部分。

(1)工艺关系。生产性工作之间由工艺过程决定的、非生产性工作之间由工作程序决定的先后顺序关系称为工艺关系。如现浇混凝土梁板的施工,应该在支模板、绑钢筋的工序完成后才能浇注混凝土。

(2)组织关系。工作之间由于组织安排需要或资源调配的需要而规定的先后顺序关系称为组织关系。如同一施工过程在不同施工段上的施工,先施工哪一个施工段或后施工哪一个施工段不存在工艺上的制约关系,这时所遵循的先后次序即是按照组织关系确定的。

工作之间的逻辑关系的具体表现是通过紧前工作、紧后工作、平行工作来体现的,只要正确表达出各项工作之间的紧前、紧后关系(通常利用工程分析表来明确列出),即可据此绘出网络图。

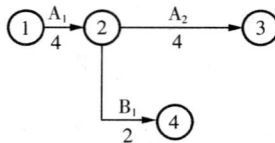

(1)紧前工作。紧排在本工作之前的工作称为本工作的紧前工作,如图 3-1 的网络计划中 A_2 和 B_1 的紧前工作均为 A_1。注意本工作和紧前工作之间可能有虚工作。

(2)紧后工作。紧排在本工作之后的工作称为本工作的紧后工作,如图 3-1 的网络计划中 A_1 的紧后工作有两个为 A_2 和 B_1。本工作和紧后工作之间可能有虚工作。

(3)平行工作。可与本工作同时进行的工作称为平行工作。

在进度控制过程中,先行工作与后续工作也是十分重要的概念。

(1)先行工作。自起点节点至本工作之前各条线路上的所有工作都称为本工作的先行工作。紧前工作是先行工作,但先行工作不一定是紧前工作。

(2)后续工作。本工作之后至终点节点各条线路上的所有工作都称为本工作的后续工作。紧后工作是后续工作,但后续工作不一定是紧后工作。

3.1.3 网络图的绘制原则

网络图的绘制原则如下：

(1)网络图中的所有节点都必须编号,所编的数码称为代号,代号必须标注在节点内。代号严禁重复,应使箭尾号码小于箭头号码。

（2）网络图必须按照已定的逻辑关系绘制。

（3）网络图中严禁出现从一个节点出发,沿箭线方向又回到原出发点的循环回路。

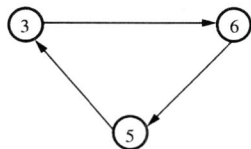

（4）网络图中的箭线应保持自左向右的方向,不应出现箭头自右向左的水平箭线或左向的斜向线,以避免出现循环回路现象。 如

（5）网络图中严禁出现双向箭头和无箭头的连线。 如

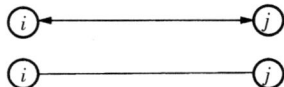

（6）严禁在网络图中出现没有箭尾节点号码或没有箭头节点号码的箭线。 如

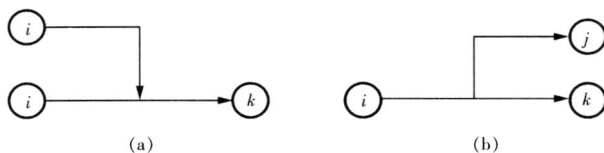

（7）严禁在箭线上引入或引出箭线。 如

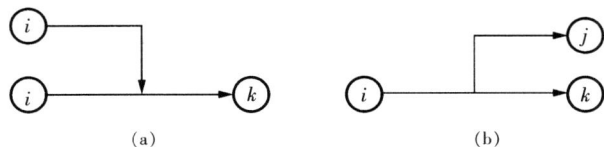

（8）当网络图的起点节点有多条外向箭线或终点节点有多条内向箭线时,为使图形简洁,可用母线法绘图。 如

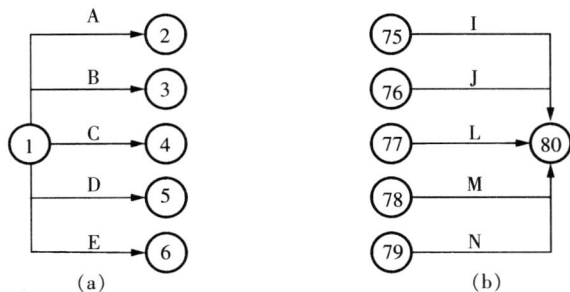

（9）绘制网络图时,宜避免箭线交叉;当交叉不可避免时,可用过桥法或指向法表示。 如

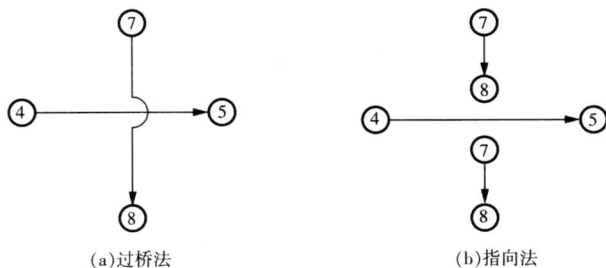

(a)过桥法　　　　　　　　　(b)指向法

(10)网络图应只有一个起点节点和一个终点节点。除起点节点和终点节点以外,不允许出现没有内向箭线的节点和没有外向箭线的节点。

3.1.4 网络图的绘制

绘出工程分析表明确了每一项工作的紧前、紧后工作后,可按下述步骤绘制网络图。

(1)绘制没有紧前工作的工作,使它们具有相同的开始节点,以保证网络只有一个起点节点。

(2)依次绘制其他各项工作。绘制这些工作的条件是其所有紧前工作都已经绘制出来。在绘制这些工作时,应该注意:当所要绘制的工作只有个一紧前工作时,则将该工作箭线直接画在其紧前工作箭线之后;当所要绘制的工作有多个紧前工作时,应利用虚箭线,采取相应画法,正确表达它们之间的逻辑关系。

(3)当各项工作箭线都绘制出来以后,应合并那些没有紧后工作的工作箭线的箭头节点作为终点节点,以保证网络图只有一个终点节点。

(4)当确认所绘制的网络图正确后,即可进行节点编号。

例 3-1 已知工程项目由 9 项工作组成各工作之间的逻辑关系如表 3-1 所示,试绘制其双代号网络图。

表 3-1 工程分析表

工作名称	紧前工作	紧后工作	持续时间(天)
A	——	D、F	4
B	——	E、F、G	5
C	——	G、H	5
D	A	——	12
E	B	I	6
F	A B	I	8
G	B C	I	4
H	C		14
I	E、F、G		6

解:

首先,工作 A、工作 B 和工作 C 是没有紧前工作的工作,绘制它们作为开始工作,并具有相同的开始节点,如图 3-2(a)所示。

由表 3-1 可知,工作 D 的唯一紧前工作为工作 A,工作 E 的唯一紧前工作为工作 B,工作 H 的唯一紧前工作为工作 C,此时,应将本工作直接画在其紧前工作之后,如图 3-2(b)所示。

工作 A、B 又作为工作 F 的紧前工作出现,应先将紧前工作 A、B 箭线的箭头节点合并后,再从合并后的节点开始画出本工作 F 的箭线;同时工作 B、C 又作为工作 G 的紧前工作出现,也应先将紧前工作 B、C 箭线的箭头节点合并后,再从合并后的节点开始画出本工作 G 的箭线,如图 3-2(c)所示。

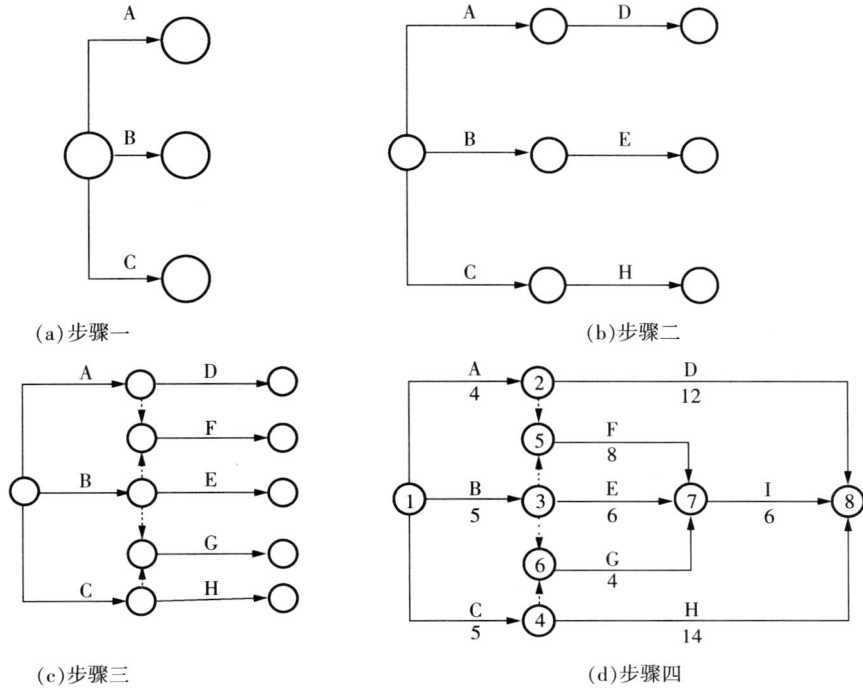

图 3-2　双代号网络图绘制步骤

　　工作 E 的紧前工作为工作 A、B 和 C,其中工作 C 只作为本工作紧前工作的工作(工作 A、B 又作为工作 D 出现),此时,应将本工作 E 直接画在该紧前工作 C 之后,然后用虚箭线将其他紧前工作 A、B 箭线的箭头节点与本工作箭线的箭尾节点分别相连,以表达它们之间的逻辑关系。

　　对于工作 I 而言,其紧前工作 E、F、G 只作为本工作紧前工作,即工作 E、F、G 只有唯一的紧后工作 I,此时,应先将紧前工作 E、F、G 箭线的箭头节点合并,再从合并后的节点开始,画出本工作 I 的箭线。工作 D、H、I 没有紧后工作,应将它们箭线的箭头节点合并为结束节点。当确认给定的逻辑关系表达正确后,再进行节点编号,绘出双代号网络图如图 3-2(d)所示。

　　由于双代号网络图中的节点具有两重性,它既是前一个工作的结束节点(首节点除外)又是后一个工作的开始节点(终节点除外),双代号网络图绘制时应特别注意,不要出现超过已有逻辑关系的多余约束。一般说来,所有的工作若没有相同的紧后工作或只有相同的紧后工作,则逻辑关系较清楚,绘制时没有虚箭线;而工作之间,出现既有相同的紧后工作,又有不同的紧后工作时,绘制时就要引入虚箭线,指向相同的紧后工作。

3.1.5　网络计划时间参数的计算

　　网络计划,如前所述是指在网络图上加注工作时间参数而编制成的进度计划。双代号网络计划时间参数计算的目的,在于通过计算各项工作的时间参数,确定网络计划的关键工作、关键线路和计算工期,为网络计划的优化、调整和执行提供明确的时间参数。双代号网络计划时间参数的计算方法很多,一般常用的有按工作计算法和按节点计算法进行计算;在计算方式上又有分析计算法、表上计算法、图上计算法、矩阵计算法和电算法等。

1. 按工作进行时间参数计算的方法

（1）工作持续时间（D_{i-j}）与工期（T）

工作持续时间是对一项工作规定的从开始到完成的时间。在双代号网络计划中,工作 $i-j$ 的持续时间用 D_{i-j} 表示。

工期泛指完成任务所需要的时间,一般有以下三种：

① 计算工期：根据网络计划时间参数计算出来的工期,用 T_c 表示。

② 要求工期：任务委托人所要求的工期,用 T_r 表示。

③ 计划工期：在要求工期和计算工期的基础上综合考虑需要和可能而确定的工期,用 T_p 表示。网络计划的计划工期 T_p 应按下列情况分别确定：

当已规定了要求工期 T_r 时,

$$T_p \leqslant T_r \tag{3-1}$$

当未规定要求工期时,可令计划工期等于计算工期,

$$T_p = T_c \tag{3-2}$$

（2）网络计划工作的参数的概念、计算和关键线路的确定

网络计划中的工作时间参数有六个,包括：工作最早开始时间（ES_{i-j}）、工作最早完成时间（EF_{i-j}）、工作最迟完成时间（LF_{i-j}）、工作最迟开始时间（LS_{i-j}）、工作的总时差（TF_{i-j}）、工作的自由时差（FF_{i-j}）。

按工作计算法就是以网络计划中的工作为对象,直接计算各项工作的时间参数和网络计划的计算工期。计算得出网络计划中各时间参数,可采用六时标注如图 3-3 所示直接标注在箭线之上。以如下网络图为例,采用图上计算法,来说明各项工作的时间参数及其具体计算方法：已知双代号网络图如图所示,计划工期等于计算工期,各项工作的六个时间参数并关键线路如图 3-3 所示。

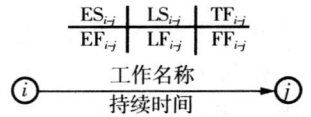

图 3-3　六时标注图

网络计划工程分析表 3-2

工作名称	A	B	C	D	E	F	H	G
紧前工作	—	—	B	B	A,C	A,C	D,F	D,E,F
持续时间（天）	4	2	3	3	5	6	5	3

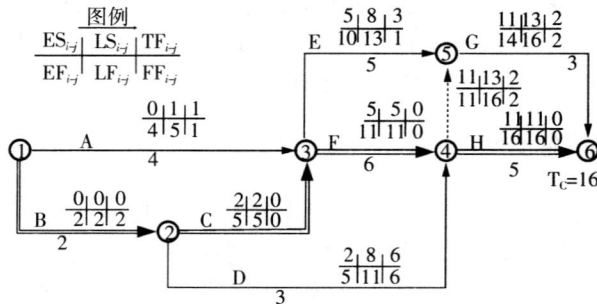

图 3-4　双代号网络图

① 首先,计算确定各项工作的最早开始时间和最早完成时间

最早开始时间(ES_{i-j})是指在各紧前工作全部完成后,本工作有可能开始的最早时刻。工作 $i-j$ 的最早开始时间用 ES_{i-j} 表示。

最早完成时间(EF_{i-j})是指在各紧前工作全部完成后,本工作有可能完成的最早时刻。工作 $i-j$ 的最早完成时间用 EF_{i-j} 表示。

各紧前工作全部完成后,本工作才有可能开始,所以工作最早开始时间参数受到紧前工作的约束,故其计算顺序应从起点节点开始,顺着箭线方向依次逐项计算。

在本例中,从起点节点(①节点)开始,开始工作为工作 A 和工作 B,它们没有紧前工作,最早可以从零时开始,即 $\mathrm{ES}_{1-2}=\mathrm{ES}_{1-3}=0$。

所以,以网络计划的起点节点为开始结点的工作的最早开始时间为零。如网络计划起点节点的编号为 1,则:

$$\mathrm{ES}_{i-j}=0(i=1)$$

由上可知,工作 B 最早可以从零时开始,工作需要持续 2 天,则工作 B 最早可能完成时间 $\mathrm{EF}_{1-2}=0+2=2$,同理 $\mathrm{EF}_{1-3}=0+4=4$

可知,工作最早完成时间等于最早开始时间加上其持续时间:

$$\mathrm{EF}_{i-j}=\mathrm{ES}_{i-j}+D_{i-j} \qquad (3-3)$$

在后续工作中,某工作可能会有多个紧前工作,如本例中的工作 F,有两个紧前工作(工作 A 和工作 C),F 工作的最早开始时间必须等两个紧前工作都完成后才可能开始。已知工作 A 的最早完成时间 $\mathrm{EF}_{1-3}=4$,工作 C 的最早完成时间 $\mathrm{EF}_{2-3}=5$,那么 F 工作的最早开始时间要等到第 5 天,$\mathrm{ES}_{3-4}=5$。

可见,本工作的最早开始时间等于各紧前工作的最早完成时间 EF_{h-i} 的最大值:

$$\mathrm{ES}_{i-j}=\max[\mathrm{EF}_{h-i}] \qquad (3-4)$$

或

$$\mathrm{ES}_{i-j}=\max[\mathrm{ES}_{h-i}+D_{h-i}] \qquad (3-5)$$

接下来,可顺着箭线方向依次计算各个工作的最早完成时间和最早开始时间。

$$\mathrm{EF}_{1-2}=\mathrm{ES}_{1-2}+D_{1-2}=0+2=2$$

$$\mathrm{EF}_{1-3}=\mathrm{ES}_{1-3}+D_{1-3}=0+4=4$$

$$\mathrm{ES}_{2-3}=\mathrm{ES}_{2-4}=\mathrm{EF}_{1-2}=2$$

$$\mathrm{EF}_{2-3}=\mathrm{ES}_{2-3}+D_{2-3}=2+3=5$$

$$\mathrm{EF}_{2-4}=\mathrm{ES}_{2-4}+D_{2-4}=2+3=5$$

$$\mathrm{ES}_{3-4}=\mathrm{ES}_{3-5}=\max[\mathrm{EF}_{1-3},\mathrm{EF}_{2-3}]=\max[4,5]=5$$

$$\mathrm{EF}_{3-4}=\mathrm{ES}_{3-4}+D_{3-4}=5+6=11$$

$$\mathrm{EF}_{3-5}=\mathrm{ES}_{3-5}+D_{3-5}=5+5=10$$

$$\mathrm{ES}_{4-6}=\mathrm{ES}_{4-5}=\max[\mathrm{EF}_{3-4},\mathrm{EF}_{2-4}]=\max[11,5]=11$$

$$\mathrm{EF}_{4-6}=\mathrm{ES}_{4-6}+D_{4-6}=11+5=16$$

$$EF_{4-5} = 11 + 0 = 11$$

$$ES_{5-6} = \max[EF_{3-5}, EF_{4-5}] = \max[10, 11] = 11$$

$$ES_{5-6} = 11 + 3 = 14$$

② 定计算工期 T_C

本例中,工作 G、工作 H 为结束工作;工作 G 最早完成时间为 14 天,工作 H 最早完成时间为 16 天,所有工作最早可能在 16 天完成,因为计算工期 $T_C = 16$ 天。

可见计算工期就是所有工作都完成了的最早可能的时间值,是以网络计划的终点节点为箭头节点的各个工作的最早完成时间的最大值。当络计划终点节点的编号为 n 时,计算工期:

$$T_C = \max[EF_{i-n}] \tag{3-6}$$

当无要求工期的限制时,取计划工期等于计算工期,即取:$T_P = T_C$。

本例中计划工期等于计算工期,即:

计划工期: $$T_P = T_C = 16 \tag{3-7}$$

③ 确定最迟完成时间(LF_{i-j})和最迟开始时间(LS_{i-j})

最迟开始时间(LS_{i-j})是指在不影响整个任务按期完成的前提下,工作必须开始的最迟时刻。工作 $i-j$ 的最迟开始时间用 LS_{i-j} 表示。

最迟完成时间(LF_{i-j})是指在不影响整个任务按期完成的前提下,工作必须完成的最迟时刻。工作 $i-j$ 的最迟完成时间用 LF_{i-j} 表示。

所谓必须,指的是工作不能再推迟,再拖后就会影响总工期,所以工作最迟参数要受到紧后工作的约束,故其计算顺序应从终点节点起,逆着箭线方向依次逐项计算。

由上可知,工作 G、工作 H 为结束工作,计划工期 $T_P = 16$ 天。为了不影响工期,工作 G 和工作 H 最迟必须在 16 天结束,即

$$LF_{4-6} = LF_{5-6} = 16$$

因此,以网络计划的终点节点($j = n$)为箭头节点的工作的最迟完成时间等于计划工期 T_P,即:

$$LF_{i-n} = T_P \tag{3-8}$$

工作 G 最迟必须在 16 天结束,本身工作要持续 3 天,则工作 G 最迟必须在 13 天开始,

$$LS_{5-6} = 16 - 3 = 13。$$

所以,最迟开始时间等于最迟完成时间减去其持续时间:

$$LS_{i-j} = LF_{i-j} - D_{i-j} \tag{3-9}$$

在前方的工作中,某工作可能会有多个紧后工作,如本例中的工作 F,就有两个紧后工作(工作 G 和工作 H),F 工作的最迟完成时间不得拖延两个紧后工作的最迟开始时间。已知工作 G 的最迟开始时间 $LS_{5-6} = 13$,工作 H 的最迟开始时间 $LS_{4-6} = 11$,那么 F 工作的最迟完成时间不得超过第 11 天,$LF_{3-4} = 11$。

所以,最迟完成时间等于各紧后工作的最迟开始时间 LS_{j-k} 的最小值:

$$LF_{i-j} = \min[LS_{j-k}] \qquad (3-10)$$

或

$$LF_{i-j} = \min[LF_{j-k} - D_{j-k}] \qquad (3-11)$$

本例中，从终点节点（⑥节点）开始逆着箭线方向到起点节点（①节点），依次逐项计算各个工作的最迟开始时间和最迟完成时间。

$$LF_{4-6} = LF_{5-6} = 16$$

$$LS_{4-6} = LF_{4-6} - D_{4-6} = 16 - 5 = 11$$

$$LS_{5-6} = LF_{5-6} - D_{5-6} = 16 - 3 = 13$$

$$LF_{3-5} = LF_{4-5} = LS_{5-6} = 13$$

$$LS_{3-5} = LF_{3-5} - D_{3-5} = 13 - 5 = 8$$

$$LS_{4-5} = LF_{4-5} - D_{4-5} = 13 - 0 = 13$$

$$LF_{2-4} = LF_{3-4} = \min[LS_{4-5}, LS_{4-6}] = \min[13, 11] = 11$$

$$LS_{2-4} = LF_{2-4} - D_{2-4} = 11 - 3 = 8$$

$$LS_{3-4} = LF_{3-4} - D_{3-4} = 11 - 6 = 5$$

$$LF_{1-3} = LF_{2-3} = \min[LS_{3-4}, LS_{3-5}] = \min[5, 8] = 5$$

$$LS_{1-3} = LF_{1-3} - D_{1-3} = 5 - 4 = 1$$

$$LS_{2-3} = LF_{2-3} - D_{2-3} = 5 - 3 = 2$$

$$LF_{1-2} = \min[LS_{2-3}, LS_{2-4}] = \min[2, 8] = 2$$

$$LS_{1-2} = LF_{1-2} - D_{1-2} = 2 - 2 = 0$$

④ 计算总时差（TF_{i-j}）

总时差（TF_{i-j}）是指在不影响总工期的前提下，本工作可以利用的机动时间。工作 $i-j$ 的总时差用 TF_{i-j} 表示。

只要工作的机动时间不影响其最迟开始时间，就不会影响总工期。在本例中，对工作 G 来说，G 工作的最迟必须开始时间为第 13 天 $LS_{5-6} = 13$，最早可能开始时间为第 11 天，$ES_{5-6} = 11$。$13 - 11 = 2$ 天就是 G 工作不影响其最迟开始时间所具有的工作的机动时间。也就是 G 工作的总时差，$TF_{5-6} = 2$。

可见，工作的总时差等于其最迟开始时间减去最早开始时间

$$TF_{i-j} = LS_{i-j} - ES_{i-j} \qquad (3-12)$$

由于最迟开始时间和最迟完成时间、最早开始时间和最早完成时间均相差一个工作的持续时间，总时差也可用最迟完成时间减去最早完成时间：

$$TF_{i-j} = LS_{i-j} - ES_{i-j} = (LS_{i-j} + D_{i-j}) - (ES_{i-j} + D_{i-j}) = LF_{i-j} - EF_{i-j}$$

所以，在本例中有：

$$TF_{1-2} = LS_{1-2} - ES_{1-2} = 0 - 0 = 0$$

或
$$TF_{1-2} = LF_{1-2} - EF_{1-2} = 2 - 2 = 0$$
$$TF_{1-3} = LS_{1-3} - ES_{1-3} = 1 - 0 = 1$$
$$TF_{2-3} = LS_{2-3} - ES_{2-3} = 2 - 2 = 0$$
$$TF_{2-4} = LS_{2-4} - ES_{2-4} = 8 - 2 = 6$$
$$TF_{3-4} = LS_{3-4} - ES_{3-4} = 5 - 5 = 0$$
$$TF_{3-5} = LS_{3-5} - ES_{3-5} = 8 - 5 = 3$$
$$TF_{4-6} = LS_{4-6} - ES_{4-6} = 11 - 11 = 0$$
$$TF_{5-6} = LS_{5-6} - ES_{5-6} = 13 - 11 = 2$$

⑤ 计算自由时差(FF_{i-j})

自由时差(FF_{i-j})是指在不影响其紧后工作最早开始的前提下,本工作可以利用的机动时间。工作 $i-j$ 的自由时差用 FF_{i-j} 表示。

在本例中,工作 E 有紧后工作 G。工作 G 的最早开始时间为 11 天,工作 E 最早结束时间为 10 天,则 $11 - 10 = 1$ 天就是 E 工作不影响其紧后工作最早开始的前提下所具有的工作的机动时间,也就是 E 工作的总时差,$FF_{3-5} = 1$。

所以,当工作 $i-j$ 有紧后工作 $j-k$ 时,其自由时差应为:

$$FF_{i-j} = ES_{j-k} - EF_{i-j} \qquad (3-13)$$

或

$$FF_{i-j} = ES_{j-k} - ES_{i-j} - D_{i-j} \qquad (3-14)$$

以网络计划的终点节点($j = n$)为箭头节点的工作,其自由时差 FF_{i-n} 应按网络计划的计划工期 T_P 确定,即:

$$FF_{i-n} = T_P - EF_{i-n} \qquad (3-15)$$

本例中,各项工作的自由时差为:

$$FF_{1-2} = ES_{2-3} - EF_{1-2} = 2 - 2 = 0$$
$$FF_{1-3} = ES_{3-4} - EF_{1-3} = 5 - 4 = 1$$
$$FF_{2-3} = ES_{3-5} - EF_{2-3} = 5 - 5 = 0$$
$$FF_{2-4} = ES_{4-6} - EF_{2-4} = 11 - 5 = 6$$
$$FF_{3-4} = ES_{4-6} - EF_{3-4} = 11 - 11 = 0$$
$$FF_{3-5} = ES_{5-6} - EF_{3-5} = 11 - 10 = 1$$
$$FF_{4-6} = T_P - EF_{4-6} = 16 - 16 = 0$$
$$FF_{5-6} = T_P - EF_{5-6} = 16 - 14 = 2$$

⑥ 关键工作和关键线路的确定

拖延后会影响工期的工作是关键工作。总时差是在不影响总工期的前提下,本工作可以利用的机动时间。总时差最小的工作表明其机动时间最少,不得拖延,所以,总时差最小的工作就是关键工作。当网络计划中的计划工期等于计算工期时,总时差为 0 的工作就是关键工作。

找出关键工作之后,将这些关键工作首尾相连,便构成从起点节点到终点节点的自始至终全部由关键工作组成的线路通路这条通路就是关键线路,位于该通路上各项工作的持续时间总和最大。在关键线路上可能有虚工作存在。

在本例中,最小的总时差是0,所以,凡是总时差为0的工作均为关键工作。该例中的关键工作是:①—②、②—③、③—④、④—⑥(或关键工作是:B、C、F、H)。

2. 按节点进行时间参数计算的方法

时间参数还可以按节点计算。按节点计算法是计算网络计划中各个节点的最早时间和最迟时间,然后再据此计算各项工作的时差值和网络计划的计算工期。

节点时间参数是以节点为对象的,包括节点最早时间和节点最迟时间。以图3-5为例来说明按节点进行时间参数计算的方法。以如下网络图为例说明按节点计算时间参数。

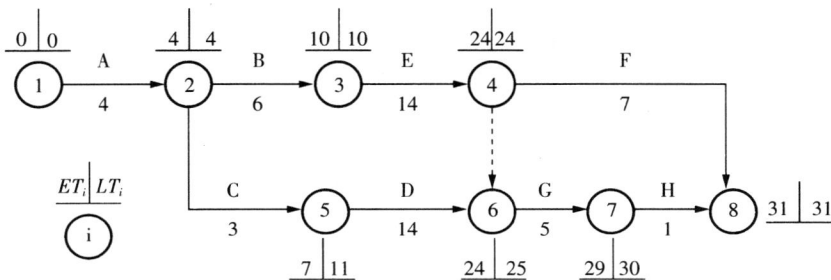

图3-5 网络图

(1)计算节点的最早时间

节点的最早时间是以该节点为开始节点的各项工作的最早可能开始的时刻,它是以一个节点的最早时间统一代表所有起始于该节点的不同工作的最早可能开始的时间,尤其要注意它并不统一代表到该节点结束的不同工作的最早可能完成时间。节点 i 的最早时间以 ET_i 表示。

各紧前工作全部完成后,以本节点为开始节点的各项工作才有可能开始,所以节点的最早时间同工作最早开始时间一样要受到紧前工作的约束,故其计算顺序应从起点节点开始,顺着箭线方向依次逐项计算。

在本例中,从起点节点(①节点)开始,它没有紧前工作,最早可以从零时开始,所以,以网络计划起点节点的最早时间为零。如网络计划起点节点的编号为1,则:$ET_1=0$。

由图3-5可知,节点2的紧前工作只有工作A(最早从零时开始,工作需要持续4天),所以,等紧前工作完成,节点2的最早时间 $ET_2=0+4=4$。

对节点6,紧前工作有两个,即工作D和工作E。根据节点的最早时间代表以该节点为开始节点的所有工作的最早可能开始的时刻,可以得工作D、工作E的最早可能完成的时刻:

$$ET_3=10\Rightarrow 工作 D 最早完成于 10+14=24 天;$$

$$ET_5=7\Rightarrow 工作 E 最早完成于 7+14=24 天。$$

紧前工作工作D、工作E全部完成后,即要到第24天,以6节点为开始节点的各项工作才有可能开始,得到 $ET_6=24$。

所以,当有多个箭线指向本节点即有多个紧前工作时 $ET_j=\max[ET_i+D_{i-j}]$。 (3-16)

(2)确定网络计划的计算工期和计划工期

计算工期就是所有工作都完成了的最早可能的时间值,是网络计划的终点节点的最早时间。

本例中，$T_c = ET_8 = 31$

当网络计划终点节点的编号为 n 时，计算工期：

$$T_c = ET_n \qquad (3-17)$$

当无要求工期的限制时，取计划工期等于计算工期，即取：$T_p = T_c$。

（3）计算节点的最迟时间

节点的最迟时间是以该节点为结束节点的各项工作的最迟必须完成的时刻，它是以一个节点的最迟时间统一代表所有结束于该节点的不同工作的最迟必须完成的时刻，尤其要注意它并不统一代表以该节点为开始节点的各项工作的最迟必须开始的时刻。节点 i 的最迟时间以 LT_i 表示。

所谓工作最迟必须完成的时刻，指的是工作不能再推迟，再拖后就会影响总工期，所以节点的最迟时间工作要受到紧后工作的约束，不能超过以该节点为开始节点的各项紧后工作的最迟必须开始的时间，故其计算顺序应从终点节点起，逆着箭线方向依次逐项计算。

由于不能延误工期，故网络图终点即是计划工期。若网络图终点节点的编号为 n，则 $LT_n = T_P$。本例中，$LT_8 = 31$。

由图 3-5 可知，节点 4 的紧后工作只有工作 F（最迟 31 天结束，工作需要持续 7 天，则工作 F 最迟必须开始于第 24 天），所以，节点 4 的最迟时间 $LT_4 = 31-7 = 24$。

对节点 4，紧后工作有两个，即工作 F 和工作 G。根据节点的最迟时间统一代表所有结束于该节点的不同工作的最迟必须完成的时刻，可以得工作 F、工作 G 的最迟必须开始的时刻：

$$ET_8 = 31 \Rightarrow \text{工作 F 最迟开始于 } 31-7 = 24 \text{ 天；}$$

$$ET_7 = 30 \Rightarrow \text{工作 E 最迟开始于 } 30-5 = 25 \text{ 天。}$$

因为不能影响任何一个紧后工作（这里是工作 F），到第 24 天，以节点 4 为结束节点的各项工作就必须结束，得到 $LT_4 = 24$。

所以，当有多个箭线指出本节点即有多个紧后工作时 $LT_i = \min[LT_j - D_{i-j}]$ (3-18)

（4）节点时间参数与工作时间参数的关系

综上可以得出，节点时间参数与工作时间参数的关系为：

① 节点的最早时间统一代表所有起始于该节点的不同工作的最早可能开始的时间：

$$ET_i = ES_{i-j} \qquad (3-18)$$

② 节点的最迟时间统一代表所有结束于该节点的不同工作的最迟必须完成的时刻：

$$LT_j = LF_{i-j} \qquad (3-19)$$

（5）计算工作的时差

工作的总时差可由工作时间参数表示为工作的最迟必须结束时间减去工作的最早可能结束时间：

$$TF_{i-j} = LF_{i-j} - (ES_{i-j} + D_{i-j})$$

用节点时间表示即为：

$$TF_{i-j} = LT_j - ET_i - D_{i-j} \qquad (3-20)$$

以工作 D 为例，$TF_{5-6}=LT_6-ET_5-D_{5-6}=25-7-14=4$

当工作 $i-j$ 有紧后工作 $j-k$ 时，其自由时差由可工作时间参数表示为工作的最早可能结束时间不影响紧后工作的最早可能开始时间：

$$FF_{i-j}=ES_{j-k}-ES_{i-j}-D_{i-j}$$

用节点时间表示即为：

$$FF_{i-j}=ET_j-ET_i-D_{i-j}$$

同样以工作 D 为例，$FF_{5-6}=ET_6-ET_5-D_{5-6}=24-7-14=3$

(6)确定网络计划的关键线路

在双代号网络计划中，凡是最早时间等于最迟时间的节点就是关键节点。

可利用关键节点确定关键工作并找到关键线路。

当工作 $i-j$ 的开始节点的 $ET_i=LT_i$，结束节点的 $LT_j=ET_j$，且 $ET_i+D_{i-j}=ET_j$ 时，工作 $i-j$ 为关键工作。

本例中关键节点连成的关键线路为①→②→③→④→⑧

3. 标号法

标号法是一种快速寻求网络计划计算工期和关键线路的方法。它利用按节点计算法的基本原理，对网络计划中的每一个节点进行标号然后利用标号值确定网络计划的计算工期和关键线路。它的计算过程如下：

(1)网络计划起点节点的标号为 0。

(2)其他节点的标号值等于以该节点为完成节点的各项工作的开始节点标号值加上持续时间所得之和的最大值。

$$b_j=\max[b_i+D_{i-j}] \qquad (3-21)$$

当计算出节点的标号值后，应该用其标号值及其源节点对该节点进行双标号。所谓源节点，就是用来确定本节点标号值的节点。如果源节点有多个，应将所有源节点标出。

(3)网络计划的计算工期就是网络计划终点节点的标号值。

(4)关键线路应从网络计划的终点节点开始，逆着箭线方向按源节点确定。

以图 3-6 所示网络图为例，说明标号法计算过程。

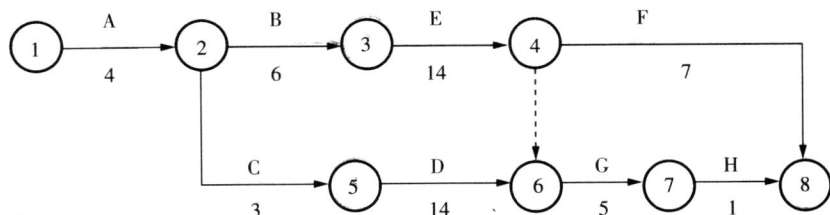

图 3-6　网络图

解：网络计划起点节点的标号为 0。b_1 标号值为 0，$b_1=0$；

由 $b_j=\max[b_i+D_{i-j}]$，所以 $b_2=0+4=4$；$b_3=6+4=10$；$b_4=10+14=24$；$b_5=4+3=7$；$b_6=\max[b_4+0,b_5+14]=\max[24,21]=24$；$b_7=24+5=29$；$b_8=\max[b_7+1,b_4+7]=\max[30,31]=31$

将标号值及其源节点对该节点进行双标号,如下图所示,并逆着箭线方向按源节点确定关键线路。

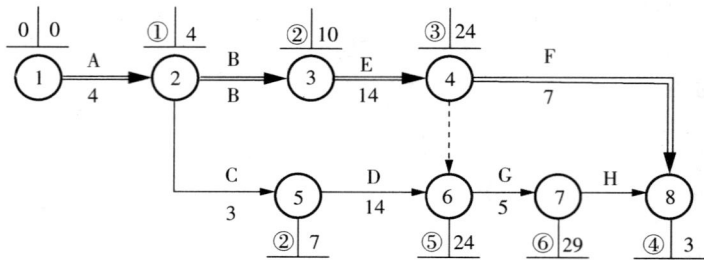

图 3-7　标号法计算过程

关键线路:①→②→③→④→⑧,总工期:$T=31$(天)

3.2　双代号时标网络计划

3.2.1　双代号时标网络计划的特点

双代号时标网络计划,也称时间坐标网络计划,是以时间坐标为尺度表示工作时间及有关参数的一种网络计划。它将网络计划按照工作的逻辑关系,以一定的比例,绘制在一张带有时间坐标的表格上,既简单易懂,又能反映工作之间的逻辑关系。因此,比较容易被接受,应用面较广。

时标网络计划兼有网络计划与横道计划的优点,它能够清楚地表明计划的时间进程,使用方便;时标网络计划能在图上直接显示出各项工作的开始与完成时间,以及工作的自由时差及关键线路;在时标网络计划中可以统计每一个单位时间对资源的需要量,以便进行资源优化和调整。由于箭线受到时间坐标的限制,在时标网络计划过程中情况发生变化时,对网络计划的修改比较麻烦,往往需要重新绘图。但在使用计算机以后,这一问题已比较容易解决。

3.2.2　时标网络计划的表示方法

时标网络计划的工作以实箭线表示,虚工作以虚箭线表示,以波形线表示本工作与其紧后工作之间的自由时差。当本工作之后紧接有工作时,波形线表示本工作的自由时差;当本工作之后紧接虚工作时,虚工作必须以垂直方向的虚箭线表示,有自由时差时加波形线表示,则紧接的虚工作上的波形线中的最短者为该工作的自由时差。

在图面上,节点无论大小均看成一个点,其中心对准相应的时标位置,它在时间坐标上的水平投影长度应看成是零。

时标的单位应根据需要确定,可以是小时、天、周、旬、月等,必须在网络图上注明。时标网络计划的坐标体系有:计算坐标体系、工作日坐标体系和日历坐标体系等。

(1)计算坐标体系,主要用作计算时间参数,时间从零开始采用方便,但不够明确。

(2)工作日坐标体系,表明工作在开工后第几天开始、第几天完成。工作日坐标的工作开始时间等于计算坐标的工作开始时间加1,工作完成时间等于计算坐标的工作完成时间。

(3)日历坐标体系,可以表明工程的开工日期和竣工日期,以及工作的开始日期和完工日期。日历坐标体系要扣除节假日休息时间,例如,双休日、"五一"节等。

在实践中,所有工作均按最早时间表示,即按工作的最早开始时间和最早完成时间来绘制,其时差出现在最早完成时间之后。

3.2.3 时标网络计划的绘制步骤

在绘制时标网络计划时,一般应先绘好无时标的网络计划,有间接绘图法和直接绘图法两种方法。

(1)直接绘图法

不经计算,直接按预先绘好的无时标网络计划在时标表上绘制时标网络计划,其步骤为:

① 起点节点位于时标表起始刻度上;

② 绘制起点节点的外向箭线,其长度等于工作的持续时间;

③ 工作的箭头节点,必须在其所有内向箭线绘出后,定位在这些内向箭线中最晚完成的实箭线箭头处,其他实箭线长度不足部分,用波形线补足。

④ 用上述方法自左至右依次确定其他节点的位置,直至终点节点定位,绘图完成。

(2)间接绘图法

即先算后画。根据先绘制好的无时标网络计划,算出各个节点的最早时间,确定关键线路,然后,再在时标表上确定节点位置,用箭线标出工作持续时间。当某些工作箭线尺度不足以达到该工作的完成节点时,用波形线补足。绘图时一般宜先绘制关键线路上的工作,再绘制非关键线路的工作。

已知网络计划的各工作逻辑关系如表 3-3 所示,试用直接法绘制双代号时标网络计划。

网络计划逻辑关系表 3-3

工作名称	A	B	C	D	E	F	G	H	J
紧前工作	—	—	—	A	A、B	D	C、E	C	D G
持续时间(天)	3	4	7	5	2	5	3	5	4

【解】(1)将网络计划的起点节点定位在时标表的起始刻度线上位置上,起点节点的编号为1,如图 3-8 所示。

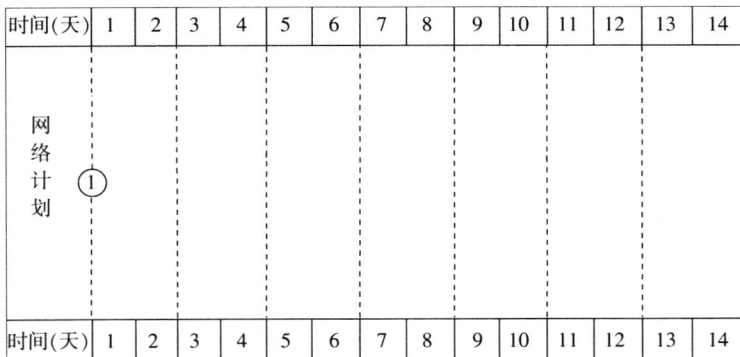

3-8 双代号时标网络计划(一)

(2)画节点①的外向箭线,即按各工作的持续时间,画出无紧前工作的 A、B、C 工作,并确定节点②、③、④的位置,剪线长度达不到的节点用波形线补足,如图 3-9 所示。

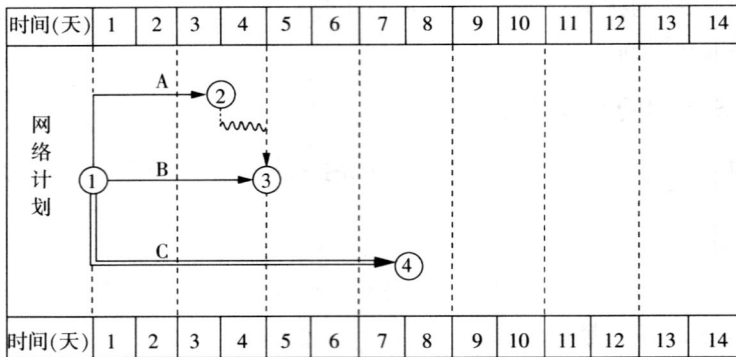

3-9 双代号时标网络计划(二)

(3)依次画出节点②、③、④的外向箭线工作 D、E、H，并确定节点⑤、⑥的位置。节点⑥的位置定位在其两条内向箭线的最早完成时间的最大值处，即定位在时标值 7 的位置，工作 E 的箭线长度达不到⑥节点，则用波形线补足，如图 3-10 所示。

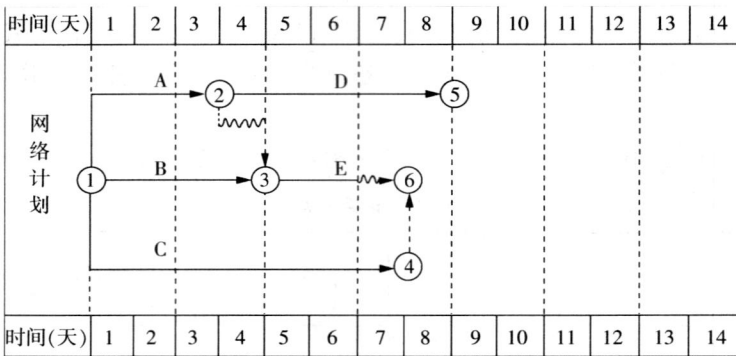

3-10 双代号时标网络计划(三)

(4)按上述步骤，直到画出全部工作，确定出终点节点⑧的位置，时标网络计划绘制完毕，如图 3-11 所示。

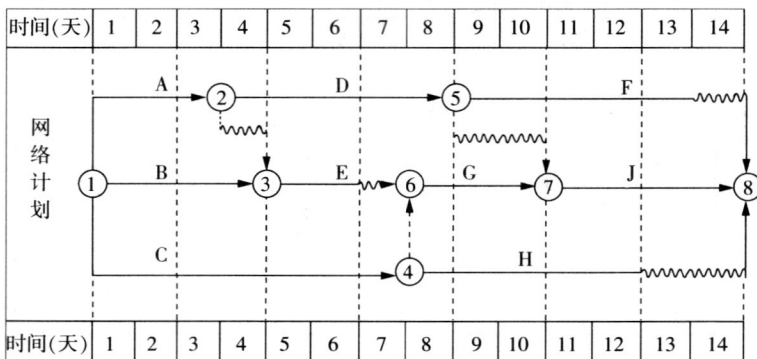

3-11 双代号时标网络计划(四)

3.2.4　关键线路和计算工期的确定

（1）时标网络计划关键线路的确定，应自终点节点逆箭线方向朝起点节点逐次进行判定：从终点到起点不出现波形线的线路即为关键线路。如图中，关键线路是：①—④—⑥—⑦—⑧，用双箭线表示，如图 3 - 12 所示。

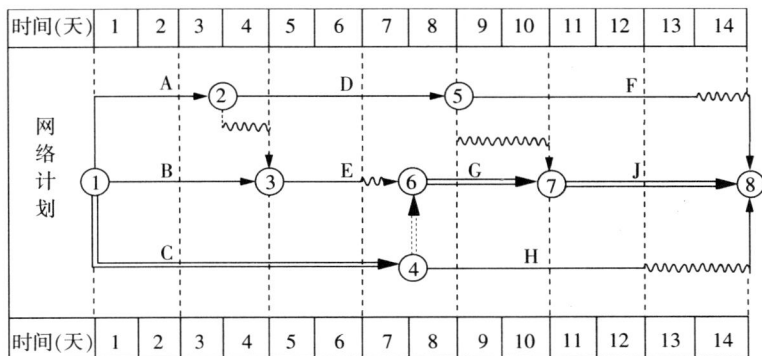

3 - 12　双代号时标网络计划

（2）时标网络计划的计算工期，应是终点节点与起点节点所在位置之差。如图中，计算工期 $T_c = 14 - 0 = 14$（天）。

3.2.5　时标网络计划时间参数的确定

在时标网络计划中，六个工作时间参数的确定步骤如下：

（1）最早时间参数的确定

按最早开始时间绘制时标网络计划，最早时间参数可以从网络图上直接确定：

① 最早开始时间 ES_{i-j}

每条实箭线左端箭尾节点（i 节点）中心所对应的时标值，即为该工作的最早开始时间。

② 最早完成时间 EF_{i-j}

如箭线右端无波形线，则该箭线右端节点（j 节点）中心所对应的时标值为该工作的最早完成时间；如箭线右端有波形线，则实箭线右端末所对应的时标值即为该工作的最早完成时间。

如图 3 - 12 中可知：$ES_{1-3} = 0$，$EF_{1-3} = 4$；$ES_{3-6} = 4$，$EF_{3-6} = 6$。依此类推，确定。

（2）自由时差的确定

时标网络计划中各工作的自由时差值应为表示该工作的箭线中波形线部分在坐标轴上的水平投影长度。

如图 3 - 12 中可知：工作 E、H、F 的自由时差分别为：$FF_{3-6} = 1$；$FF_{4-8} = 2$；$FF_{5-8} = 1$。

（3）总时差的确定

时标网络计划中工作的总时差的计算应自右向左进行，且符合下列规定：

① 以终点节点（$j = n$）为箭头节点的工作的总时差 TF_{i-n} 应按网络计划的计划工期 T_P 计算确定，即：

$$TF_{i-n} = T_P - EF_{i-n}$$

如图 3 - 12 中可知，工作 F、J、H、的总时差分别为：

$$TF_{5-8} = T_P - EF_{5-8} = 14 - 13 = 1$$

$$TF_{7-8} = T_P - EF_{7-8} = 14 - 14 = 0$$

$$TF_{4-8} = T_P - EF_{4-8} = 14 - 12 = 2$$

② 其他工作的总时差等于其紧后工作 $j-k$ 总时差的最小值与本工作的自由时差之和,即:

$$TF_{i-j} = \min[TF_{j-k}] + FF_{i-j}$$

各项工作的总时差计算如下:

$$TF_{6-7} = TF_{7-8} + FF_{6-7} = 0 + 0 = 0$$

$$TF_{3-6} = TF_{6-7} + FF_{3-6} = 0 + 1 = 1$$

$$TF_{2-5} = \min[TF_{5-7}, TF_{5-8}] + FF_{2-5} = \min[2,1] + 0 = 1 + 0 = 1$$

$$TF_{1-4} = \min[TF_{4-6}, TF_{4-8}] + FF_{1-4} = \min[0,2] + 0 = 0 + 0 = 0$$

$$TF_{1-3} = TF_{3-6} + FF_{1-3} = 1 + 0 = 1$$

$$TF_{1-2} = \min[TF_{2-3}, TF_{2-5}] + FF_{1-2} = \min[2,1] + 0 = 1 + 0 = 1$$

(4)最迟时间参数的确定

时标网络计划中工作的最迟开始时间和最迟完成时间可按下式计算:

$$LS_{i-j} = ES_{i-j} + TF_{i-j}$$

$$LF_{i-j} = EF_{i-j} + TF_{i-j}$$

如图 3-12 中,工作的最迟开始时间和最迟完成时间为:

$$LS_{1-2} = ES_{1-2} + TF_{1-2} = 0 + 1 = 1$$

$$LF_{1-2} = EF_{1-2} + TF_{1-2} = 3 + 1 = 4$$

$$LS_{1-3} = ES_{1-3} + TF_{1-3} = 0 + 1 = 1$$

$$LF_{1-3} = EF_{1-3} + TF_{1-3} = 4 + 1 = 5$$

由此,可计算出各项工作的最迟开始时间和最迟完成时间。

3.3 单代号网络图

3.3.1 单代号网络的组成

单代号网络图也是由节点和箭线组成,但构成它的基本符号的含义与双代号网络不尽相同。与双代号网络图相比,单代号网络图绘图简便,逻辑关系明确,没有虚箭杆,便于检查修改。

1. 网络图的表示

单代号网络图的表达形式较多,但基本形式是用节点(圆圈或方框)表示工作,用箭线表示工作之间的逻辑关系,所以也称之为工作节点网络图。图 3-13 就是一个单代号网络图的例子。

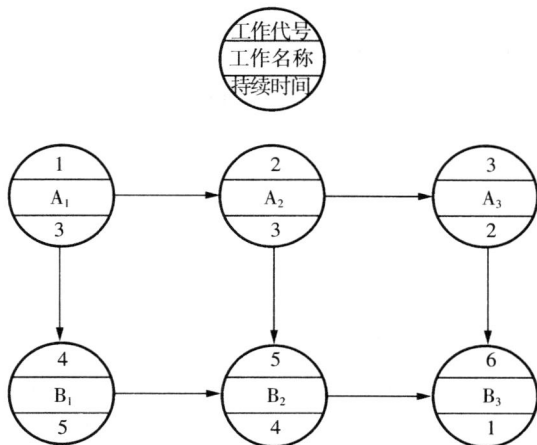

图 3-13　单代号网络图示例

（1）节点

在单代号网络图中，用节点表示工作。节点可以采用圆圈，也可以采用方框。工作名称或内容、工作编号、工作持续时间以及工作时间参数都可以写在圆圈上或方框上。常用的几种节点表示形式如图 3-14 所示。

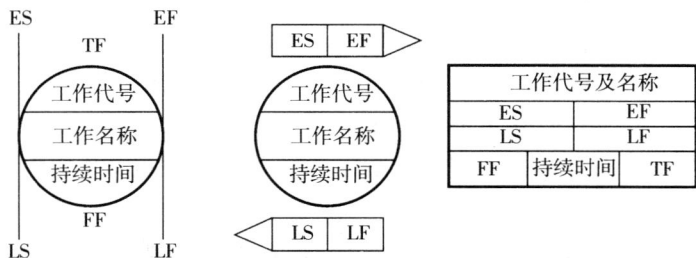

图 3-14　单代号网络图节点的几种表示形式

（2）箭杆

单代号网络图中的箭杆仅表示工作时间间的逻辑关系，它既不占用时间也不消耗资源，这一点与双代号网络图中的箭杆完全不同。箭杆的箭头表示工作的前进方向，箭尾节点工作为箭头节点工作的紧前工作。在单代号网络图中表达逻辑关系时并不需要虚箭杆，但可能会引进虚工作，这是由于单代号网络图也必须只有一个原始节点和一个结束节点，当几个工作同时开始或同时结束时，就必须引入虚工作（节点），其中 S 和 F 为虚拟工作。如图 3-15 所示。

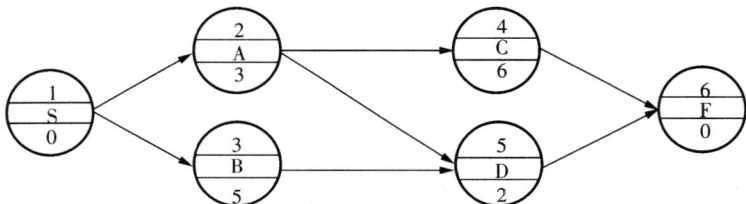

图 3-15　单代号网络图（虚拟工作 S、F）

(3)单、双代号网络图表达关系的对比

通过对比,我们可以发现:当多个工序在多个施工段分段作业时,用单代号网络图表达比较简单明了,这时若用双代号表示就需要增加许多虚箭杆;而当多个工序相互交叉衔接时,用双代号网络图来表达则比较简单,因为若用单代号表示,会有许多箭杆交叉。另外,当采用计算机辅助编制网络计划时,使用单代号网络图比较方便。故采用单代号还是双代号,要根据具体情况选择。

2. 单代号网络图的特点

通过前面对单代号网络图的介绍可以看出,单代号网络图具有以下特点:

(1)单代号网络图用节点及其编号表示工作,而箭杆仅表示工作间的逻辑关系;

(2)单代号网络图作图简便,图面简洁,由于没有虚箭线,产生逻辑错误的可能较小;

(3)单代号网络图用节点表示工作,没有长度概念,不够形象,不便于绘制时标网络图;

(4)单代号网络图更适合用计算机进行绘制、计算、优化和调整。

3.3.2 单代号网络图的绘制

单代号网络图的绘制原则:

(1)因为每个节点只能表示一项工作,所以各节点的代号不能重复。

(2)用数字代表工作的名称时,宜由小到大按活动先后顺序编写。

(3)不允许出现循环的路线。

(4)不允许出现双向的箭杆或无箭头的箭杆。

(5)除原始节点和结束节点外,其他所有节点都应有指向箭杆和背向箭杆。

(6)在一幅网络图中,单代号网络图只应有一个起点节点和一个终点节点;当网络图中有多项起点节点或多项终点节点时,应在网络图的两端分别设置一项虚工作,作为该网络图的起点节点和终点节点。

单代号网络图的绘图规则大部分与双代号网络图的绘图规则相同,绘制容易,不易出错,关键是要处理好箭杆交叉,使图形规则,容易读图。

3.3.3 单代号网络图的计算

在单代号网络图中的计算中常用下列符号来表示工作的各种时间参数:

D_i——工作 i 的持续时间;

ES_i——工作 i 的最早开始时间;

EF_i——工作 i 的最早结束时间;

LS_i——工作 i 的最迟开始时间;

LF_i——工作 i 的最迟结束时间;

TF_i——工作 i 的总时差;

FF_i——工作 i 的自由时差。

1. 计算最早开始时间和最早完成时间

网络计划中各项工作的最早开始时间和最早完成时间的计算应从网络计划的起点节点开始,顺着箭线方向依次逐项计算。

(1)网络计划的起点节点的最早开始时间为零。如起点节点的编号为1,则:

$$ES_i = 0(i=1) \qquad (3-22)$$

（2）工作的最早完成时间等于该工作的最早开始时间加上其持续时间：

$$EF_i = ES_i + D_i \qquad (3-23)$$

（3）工作的最早开始时间等于该工作的各个紧前工作的最早完成时间的最大值。如工作 j 的紧前工作的代号为 i，则：

$$ES_j = \max[EF_i] \qquad (3-24)$$

或

$$ES_j = \max[ES_i + D_i] \qquad (3-25)$$

式中，ES_i 为工作 j 的各项紧前工作的最早开始时间。

（4）网络计划的计算工期 T_C

T_C 等于网络计划的终点节点 n 的最早完成时间 EF_n，即：

$$T_C = EF_n \qquad (3-26)$$

2. 计算相邻两项工作之间的时间间隔 $LAG_{i,j}$

相邻两项工作 i 和 j 之间的时间间隔 $LAG_{i,j}$，等于紧后工作 j 的最早开始时间 ES_j 和本工作的最早完成时间 EF_i 之差，参见图 3-16，即：

$$LAG_{i,j} = ES_j - EF_i \qquad (3-27)$$

3. 计算工作自由时差 FF_i

（1）若工作 i 为结束工作，没有紧后工作，其自由时差 FF_i 等于计划工期 T_P 减该工作的最早完成时间 EF_n，即：

$$FF_n = T_P - EF_n \qquad (3-28)$$

（2）当工作 i 有紧后工作 j 时，其自由时差 FF_i 等于该工作与其紧后工作 j 之间的时间间隔 $LAG_{i,j}$ 最小值，参见图 3-16，即：

$$FF_i = \min[LAG_{i,j}] \qquad (3-29)$$

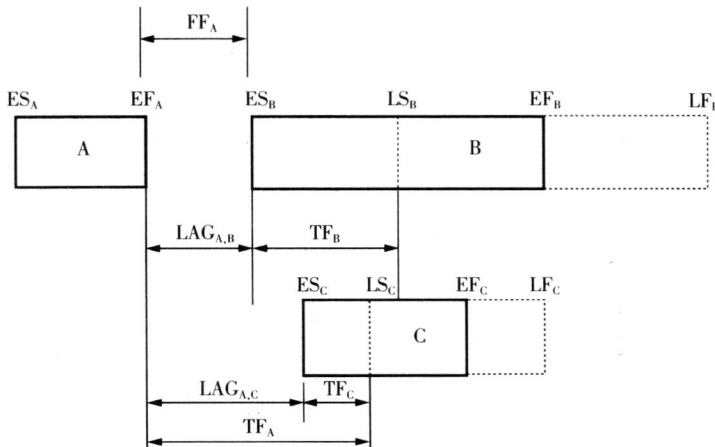

图 3-16　单代号网络图时差分析图

4. 计算工作总时差 TF_i

工作 i 的总时差 TF_i 应从网络计划的终点节点开始,逆着箭线方向依次逐项计算。

(1)网络计划终点节点的总时差 TF_n,如计划工期等于计算工期,其值为零,即:

$$TF_n = 0 \tag{3-30}$$

(2)其他工作 i 的总时差 TF_i 等于该工作的各个紧后工作 j 的总时差 TF_j 加该工作与其紧后工作之间的时间间隔 $LAG_{i,j}$ 之和的最小值,参见图 3-16,即:

$$TF_i = \min[TF_j + LAG_{i,j}] \tag{3-31}$$

5. 计算工作的最迟开始时间和最迟完成时间

(1)工作 i 的最迟开始时间 LS_i 等于该工作的最早开始时间 ES_i 加上其总时差 TF_i 之和,即:

$$LS_i = ES_i + TF_i \tag{3-32}$$

(2)工作 i 的最迟完成时间 LF_i 等于该工作的最早完成时间 EF_i 加上其总时差 TF_i 之和,即:

$$LF_i = EF_i + TF_i \tag{3-33}$$

6. 关键工作和关键线路的确定

(1)关键工作:总时差最小的工作是关键工作。

(2)关键线路的确定按以下规定:从起点节点开始到终点节点均为关键工作,且所有工作的时间间隔为零的线路为关键线路。

例 3-1 已知某工程由 5 项工作组成,各工作之间的逻辑关系如表 3-4,试绘制单代号网络计划图。若计划工期等于计算工期,试计算单代号网络计划的时间参数,将其标注在网络计划上,并用双箭线标示出关键线路。

表 3-4 工作逻辑关系表

工作代号	A	B	C	D	E
紧前工作	—	A	A	B	B、C
紧后工作	B、C	D、E	E	—	—
持续时间	3	5	7	4	6

【解】绘制结果如图 3-17 所示。

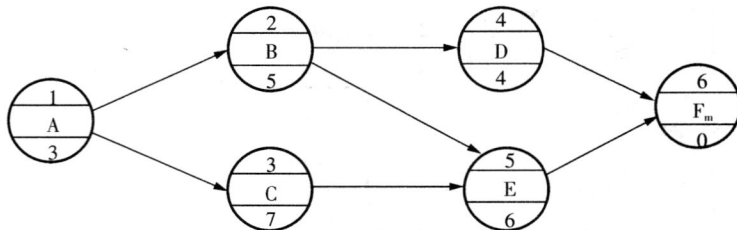

图 3-17 单代号网络计划图

（1）计算最早开始时间和最早完成时间

$$ES_1 = 0 \quad F_1 = ES_1 + D_1 = 0 + 3 = 3$$

$$ES_2 = EF_1 = 3 \quad F_2 = ES_2 + D_2 = 3 + 5 = 8$$

$$ES_3 = EF_1 = 3 \quad F_3 = ES_3 + D_3 = 3 + 7 = 10$$

$$ES_4 = EF_2 = 8 \quad F_4 = ES_4 + D_4 = 8 + 4 = 12$$

$$ES_5 = \max[EF_2, EF_3] = \max[8, 10] = 10 \quad F_5 = ES_5 + D_5 = 10 + 5 = 15$$

$$ES_6 = \max[EF_4, EF_5] = \max[12, 15] = 15 \quad F_6 = ES_6 + D_6 = 15 + 0 = 15$$

已知计划工期等于计算工期，故有：$T_P = T_C = EF_6 = 15$

（2）计算相邻两项工作之间的时间间隔 $LAG_{i,j}$

$$LAG_{1,2} = ES_2 - EF_1 = 3 - 3 = 0$$

$$LAG_{1,3} = ES_3 - EF_1 = 3 - 3 = 0$$

$$LAG_{2,4} = ES_4 - EF_2 = 8 - 8 = 0$$

$$LAG_{2,5} = ES_5 - EF_2 = 10 - 8 = 2$$

$$LAG_{3,5} = ES_5 - EF_3 = 10 - 10 = 0$$

$$LAG_{4,6} = ES_6 - EF_4 = 15 - 12 = 3$$

$$LAG_{5,6} = ES_6 - EF_5 = 15 - 15 = 0$$

（3）计算工作的总时差 TF_i

已知计划工期等于计算工期：$T_P = T_C = 15$，故终点节点⑥节点的总时差为零，即：

$$TF_6 = 0$$

其他工作总时差为：

$$TF_5 = TF_6 + LAG_{5,6} = 0 + 0 = 0$$

$$TF_4 = TF_6 + LAG_{4,6} = 0 + 3 = 3$$

$$TF_3 = TF_5 + LAG_{3,5} = 0 + 0 = 0$$

$$TF_2 = \min[(TF_4 + LAG_{2,4}), (TF_5 + LAG_{2,5})] = \min[(3+0), (0+2)] = 2$$

$$TF_1 = \min[(TF_2 + LAG_{1,2}), (TF_3 + LAG_{1,3})] = \min[(2+0), (0+0)] = 0$$

（4）计算工作的自由时差 FF_i

已知计划工期等于计算工期：$T_P = T_C = 15$，故终点节点⑥节点的自由时差为：

$$FF_6 = T_P - EF_6 = 15 - 15 = 0$$

$$FF_5 = LAG_{5,6} = 0$$

$$FF_4 = LAG_{4,6} = 3$$

$$FF_3 = LAG_{3,5} = 0$$

$$FF_2 = \min[LAG_{2,4}, LAG_{2,5}] = \min[0,2] = 0$$

$$FF_1 = \min[LAG_{1,2}, LAG_{1,3}] = \min[0,0] = 0$$

（5）计算工作的最迟开始时间 LS_i 和最迟完成时间 LF_i

$$LS_1 = ES_1 + TF_1 = 0 + 0 = 0 \quad LF_1 = EF_1 + TF_1 = 3 + 0 = 3$$

$$LS_2 = ES_2 + TF_2 = 3 + 2 = 5 \quad LF_2 = EF_2 + TF_2 = 8 + 2 = 10$$

$$LS_3 = ES_3 + TF_3 = 3 + 0 = 3 \quad LF_3 = EF_3 + TF_3 = 10 + 0 = 10$$

$$LS_4 = ES_4 + TF_4 = 8 + 3 = 11 \quad LF_4 = EF_4 + TF_4 = 12 + 3 = 15$$

$$LS_5 = ES_5 + TF_5 = 10 + 0 = 10 \quad LF_5 = EF_5 + TF_5 = 15 + 0 = 15$$

$$LS_6 = ES_6 + TF_6 = 15 + 0 = 15 \quad LF_6 = EF_6 + TF_6 = 15 + 0 = 15$$

将以上计算结果标注在图 3-18 中的相应位置。

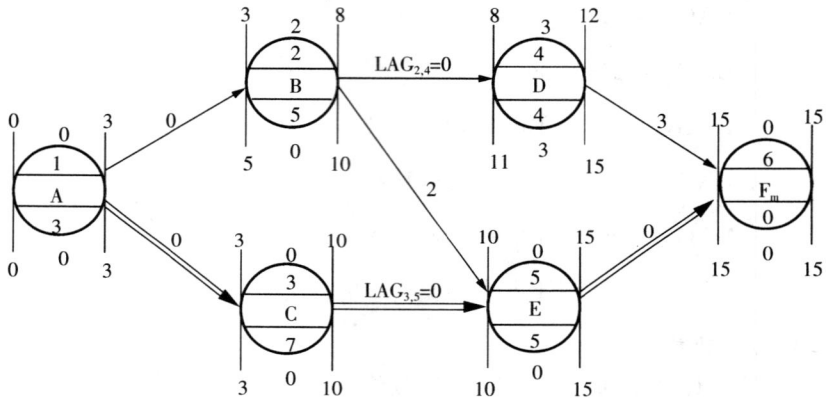

图 3-18　单代号网络计划时间参数计算结果

（6）关键工作和关键线路的确定

根据计算结果，总时差为零的工作：A、C、E 为关键工作；

从起点节点①节点开始到终点节点⑥节点均为关键工作，且所有工作之间时间间隔为零的线路：①—③—⑤—⑥为关键线路。

3.4　单代号搭接网络计划

在前面所述的双代号、单代号网络图中，工作之间的逻辑关系都是前面工作完成后，后面工作才能开始，这也是一般网络计划的正常连接关系，紧前工作的完成为本工作的开始创造条件。但是在工程实际中，许多工作的开始并不需要以其紧前工作的完成为条件。只要其紧前工作开始一段时间后，即可进行本工作，而不需要等其紧前工作全部完成之后再开始。工作之间的这种关系我们称之为搭接关系。

3.4.1　单代号搭接网络计划的搭接关系

单代号搭接网络，以工作为节点，以带箭头的箭杆表示逻辑关系。

工作之间存在各种形式的搭接关系,除上面的开始到开始外,还有开始到结束,结束到开始,结束到结束等共五种:

(1)结束到开始的关系(FTS)　两项工作之间时的关系通过前项工作结束到后项工作开始之间的时距 $FTS_{i,j}$ 来表达。

(2)开始到开始的关系(STS)　前后两项工作关系用其相继开始的时距来表达。就是说,前项工作 i 开始后,要经过 $STS_{i,j}$ 时间,后面工作 j 才能进行。

(3)结束到结束的关系(FTF)　两项工作之间的时关系用前后工作相继结束的时距 LT_j 来表示。就是说,前项工作 i 结束后,经过 $FTF_{i,j}$ 时间,后项工作 j 才能结束。

(4)开始到结束的关系(STF)　两项工作之间的关系用前项工作开始到后项工作的结束之间的时距 $STF_{i,j}$ 来表达。就是说,后项工作 j 的延续时间,要在前项工作 i 开始进行到 $STF_{i,j}$ 时间后才能终止。

(5)混合搭接关系　当两项工作之间同时存在上述四种基本关系中的两种关系时,这种具有双重约束的关系,叫做"混合搭接关系"。

单代号搭接网络的表示方法,为绘制的方便和便于理解,常以框图的形式表达,而逻辑关系可以用字母,也可以直接用箭头和箭尾起始位置表达,如图 3-19 例所示。

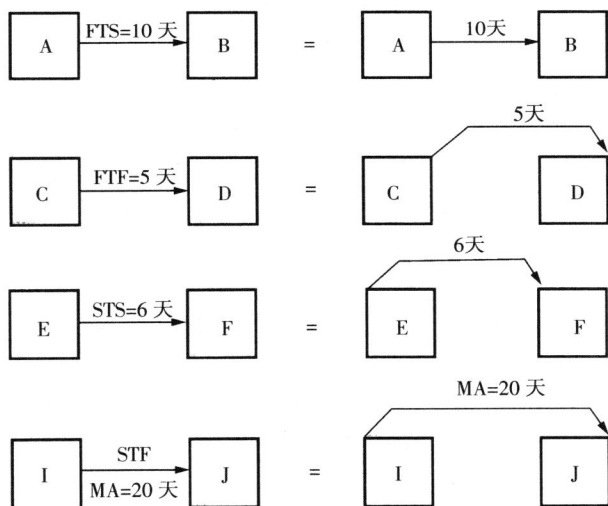

图 3-19　单代号搭接网络表达方式

单代号搭接网络的绘制比较简单,按照逻辑关系将工程活动之间用箭杆连接,一般不会出错。

3.4.2　单代号搭接网络的要求

(1)节点必须编号,标注在节点内,一项工作必须有唯一的节点和相应的编号,不能有相同编号的节点。相同编号的节点即为相同的工程活动,同样的活动出现在网络的两个地方则会出现定义上的混乱。

(2)工作之间的逻辑关系包括工艺关系和组织关系,不能出现违反逻辑的表示,例如:

① 环路。即出现活动之间在顺序上的循环。

② 当搭接时距使用最大值定义时,要特别小心,有时虽没有环路,但也会造成逻辑上的错误。如图 3-20 所示的逻辑关系。

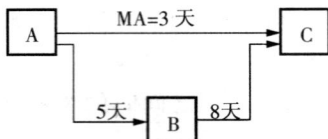

图 3 - 20　错误的逻辑关系

不管 B 持续时间几天,按 A—B—C 的关系,A 结束后到 13 天以上 C 才能开始,而按 A—C 关系,A 结束必须在 0～3 天内开始 C。两者矛盾。

(3)不允许有双向箭头或无箭头的连线。

(4)不允许出现没有箭头节点的箭线或没有箭尾节点的箭线。

(5)不允许有多个首节点,多个尾节点。当有多个开始工作或结束工作时,应设置虚拟的开始节点或终点节点。

3.4.3　单代号搭接网络的特点

(1)单代号搭接网络直接反映工作之间各种可能出现的顺序关系,有较强的逻辑表达能力;能清楚、方便地表达活动之间的各种逻辑关系,而且允许两个活动之间有多重逻辑关系。

(2)其表达与人们的思维方式一致,易于被人们接受。人们通常表达一系列活动的过程都用这种形式,例如工作流程图,计算机处理过程图等。大大简化了网络计划的图形和计算,尤其适合重复性工作和许多工作同时进行的情况。

(3)绘制方法简单,不易出错,有一个关系画一个箭杆,不需要虚箭杆。

(4)如果理解了单代号搭接网络,掌握了它的算法,则很自然地就理解了双代号网络,在时间参数的算法上双代号网络是单代号搭接网络的特例,即它仅表示 FTS 关系搭接时距为零的状况。

3.4.4　时间参数计算

单代号搭接网络图中工作时间参数的计算原理与单代号网络计划基本相同,不同之处在于单代号搭接网络图中工作时间参数的计算受到搭接时距的影响。

计算内容和次序主要为:①计算最早开始和结束时间(ES_i 和 EF_i);②计算间隔时间($LAG_{i,j}$);③计算自由时差(FF_i);④计算总时差(TF_i);⑤计算最迟开始和最迟结束时间(LS_i 和 LF_i);⑥确定关键线路。

以下详细介绍时间参数计算及关键线路的确定方法:

(1)工作最早开始和结束时间

一项工作 j 的最早开始时间 ES_j 和最早结束时间 EF_j 取决于其紧前工作 A(一项或多项)的最早开始和结束时间以及它们之间的搭接关系和时距。因此,计算 ES_j 和 EF_j 是从起点节点向终点节点进行的,紧前工作全部算完后,才能计算本工作。

与起点节点相连的工作最早开始时间都为 0。其他工作 j 的最早开始时间按式(3 - 34)计算:

$$ES_j = \max \begin{cases} EF_i + FTS_{i,j} \rightarrow FTS \\ ES_i + STS_{i,j} \rightarrow STS \\ EF_i + FTF_{i,j} - D_j \rightarrow FTF \\ ES_i + STF_{i,j} - D_j \rightarrow STF \end{cases} \qquad (3 - 34)$$

在计算工作最早时间时,当出现最早开始时间为负值,应将该工作与起点节点用虚箭线相连,并确定其时距为 STS＝0;有最早完成时间的最大值的中间节点应与终点节点用虚箭线相连,并定其时距为 FTF＝0。

工作 j 的最早完成时间 $\qquad\qquad$ $EF_j = ES_j + D_j$ $\qquad\qquad$ (3-35)

（2）时间间隔

$LAG_{i,j}$;表示前面工作与后面工作除必要搭接时距之外的时间间隔,应按式(3-36)计算:

$$LAG_{i,j} = \min \begin{cases} ES_j - EF_i - FTS_{i,j} \\ ES_j - ES_i - STS_{i,j} \\ EF_j - EF_i - FTF_{i,j} \\ EF_j - ES_i - STF_{i,j} \end{cases} \qquad (3-36)$$

（3）工作自由时差

自由时差是指在保持必要时距,且不影响所有紧后工作的最早开始或最早结束时间的条件下,该项工作最早时间允许变动的幅度。它等于该项工作 i 与各项紧后工作 j 之间各个间隔时间 $LAG_{i,j}$ 中的最小值,即

$$FF_i = \min\{LAG_{i,j}\}$$

（4）工作总时差

一项工作总的机动时间就是这项工作的总时差。它等于各项紧后工作的总时差与相应的间隔时间 $LAG_{i,j}$ 之和中的最小值,即

$$TF_i = \min(TF_j + LAG_{i,j})$$

所以计算总时差的顺序是从右到左。

（5）工作最迟开始时间和结束时间

一项工作的最早开始和结束时间以及总时差计算出来后,就可据以计算这项工作的最迟开始时间（LS_i）和结束时间（LF_i）:

$$LS_i = ES_i + TF_i$$
$$LF_i = EF_i + TF_i$$

（6）判别关键线路

从网络图起始点到结束点的各条线路中,总时差为零的工作都是关键工作。由关键工作组成且时间间隔也为零的线路,称为关键线路。

单代号搭接网络计划的时间参数计算比较复杂。但是它与普通单代号相比,节点数量少,构图简单,清晰易懂,这样也就相地应减少了一部分计算工作量,对于分段施工的平行工作,则效果尤为显著。

例 3-2　某工程单代号搭接网络计划如下图所示,节点中下方数字为该工作的持续时间,计算找出网络图关键工作。

解:首先,找出各工作的最早开始时间和最早完成时间为:

工作 A:$ES_A = 0$,$EF_A = 4$;

工作 B:根据 STF＝4,得 $EF_B = 4$,则 $ES_B = -2$,显然不合理,为此,应将工作 B 与虚拟工作 S(起点节点)相连,重新计算工作 B 的最早开始时间和最早完成时间得:$ES_B = 0$,$EF_B = 6$

工作 C:根据 STS＝2 得 $ES_C = 2$,$EF_C = 12$;

工作 D:根据 STS＝8 得 $ES_D = 8$,$EF_D = 15$;

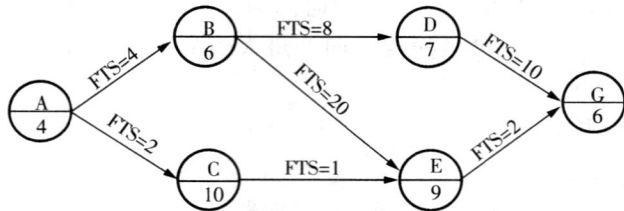

3-21　单代号搭接网络计划图

工作 E：根据 FTS=1 得 $ES_E=13$；根据 FTF=20 得 $EF_E=26$，$ES_E=17$，取大值，得 $ES_E=17$，$EF_E=26$。

工作 G：根据 STF=10 得 $EF_G=18$，$ES_G=12$；根据 STS=2 得 $ES_G=19$，$EF_G=25$，即计算工期为 25。

由于在搭接网络计划中，决定工期的工作不一定是最后进行的工作。因此，在用上述方法完成计算之后，还应检查网络计划中其他工作的最早完成时间是否超过已计算出的计算工期。经查，工作 E 的最早完成时间 26 为最大，故网络计划的计算工期是由工作 E 的最早完成时间决定的。为此，应将工作 E 与一个虚拟工作 F（虚拟终点节点）用虚箭线相连，定其时距为 $FTF_{E.F}=0$，于是得到工作 F 的最早开始时间和最早完成时间为 26。

接下来，计算相邻两项工作之间的时间间隔。

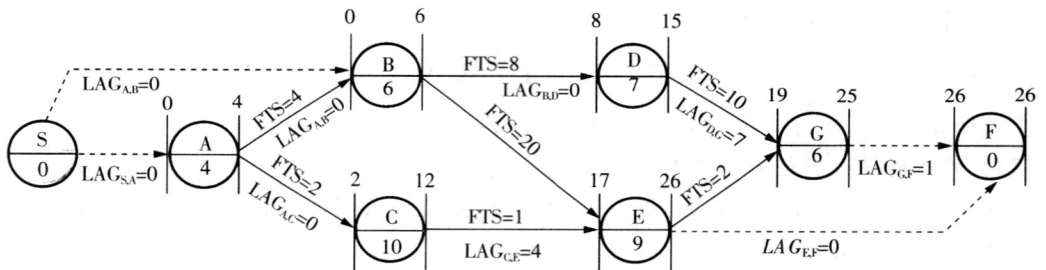

图 3-21　单代号搭接网络计划图时间参数计算

$$LAG_{S.A}=0-0=0,LAG_{S.B}=0-0=0;$$
$$LAG_{A.B}=6-0-4=2;LAG_{A.C}=2-0-2=0;$$
$$LAG_{B.D}=8-0-8=0;LAG_{B.E}=26-6-20=0;$$
$$LAG_{C.E}=17-12-1=4;$$
$$LAG_{D.G}=25-8-10=7;$$
$$LAG_{E.G}=19-17-2=0,LAG_{E.F}=26-26-0=0;$$
$$LAG_{G.F}=26-25-0=1$$

由终点节点至起点节点找出时间间隔为 0 的线路，所以本图的关键工作为 SBEF。

3.5　网络计划的优化

通过绘制网络图，计算网络时间参数。以及确定关键路线，得到的仅是一个初步计划方案。为了得到一个从各方面都较好的方案，往往要根据项目的要求综合考虑进度、资源利用和降低费用等目标，进行调整和改善，网络计划的优化就是利用时差不断改善网络计划的最初方案，在满足即定目标的条件下,按某一衡量指标来寻求最优方案。

网络计划的优化有工期优化、工期—费用优化和资源优化三种。

3.5.1 工期优化

工期优化就是计算工期不满足要求工期时,通过压缩计算工期,以达到要求工期的目标,或指在一定约束条件下使工期最短的过程。

通过压缩计算工期来进行工期优化时,应遵循以下几个原则:

首先,由于关键工作对工期有影响的,应压缩关键工作的持续时间。

其次,在优化过程中,要注意不要将关键工作压缩成非关键工作。

再有,若有平行的各关键线路需要压缩,必须将平行的各关键线路的持续时间压缩相同的数值;否则,不能有效地缩短工期。

最后,压缩关键工作时,应选择缩短持续时间对质量和安全影响不大的工作、有充足备用资源的工作,和缩短持续时间所需增加费用最小的工作。将所有工作按其是否满足上述三方面要求,确定优选系数,优选系数小的工作较适宜压缩。若需要同时压缩多个关键工作的持续时间时,则它们的优选系数之和(组合优选系数)最小者应优先压缩。

例如,网络计划如图 3-13 所示,图中括号内数据为工作可压缩的时间,假定要求工期为 100 天,试对该网络计划进行工期优化。

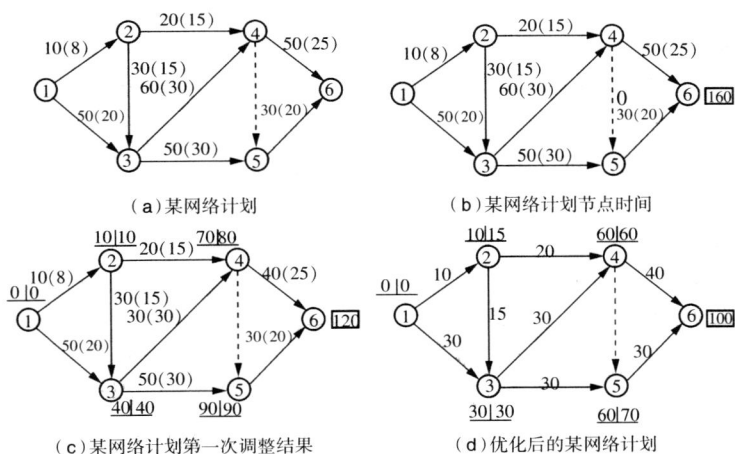

(a)某网络计划   (b)某网络计划节点时间

(c)某网络计划第一次调整结果   (d)优化后的某网络计划

图 3-22 某网络计划优化示意图

其优化的步骤如下:

(1)找出网络计划的关键工作及关键线路通过时间参数的计算可知,关键工作为①—③、③—④、④—⑥。关键线路为①—③—④—⑥,关键线路用粗箭线表示。

(2)计算需要缩短的工期,根据图计算,工期需要缩短时间 60d。根据图中数据,关键工作①—③可缩短 20d,③—④可缩短 30d,④—⑥可缩短 25d,共计可缩短 75d。但考虑前述原则,因缩短工作④—⑥增加劳动力较多,故仅缩短 10d,重新计算网络计划工期如图 3-11 所示,关键线路为①—②—③—⑤—⑥,关键工作为①—②、②—③、③—⑤、⑤—⑥,工期为 120d

(3)按要求工期尚需压缩 20 天。仍根据前述原则,选择工作②—③、③—⑤较宜,用最短工作持续时间置换工作②—③和工作③—⑤的正常持续时间,重新计算网络计划的时间多数,如图3-11所示。经计算可知,关键线路为①—③—④—⑥,工期100d,满足要求。

3.5.2 时间—费用优化

在建筑工程中,工期短、成本低、质量优是人们追求的目标。其中,工期与成本是相互联系和相互制约的,要加快施工速度,缩短工期,资源的投入就会增加,如采取加班、增加设备等措施,而且有些费用也会增加,结果工程成本提高、效益下降,同时也会得到一些收益,如节约了管理费用等。要想缩短整个工程的工期,必须从两方面考虑:一方面要分析缩短工期所需的代价;另一方面要分析缩短工期带来的收益。在一定条件下,达到工程时间与工程费用的最佳结合是网络计划时间—费用优化工作的关键。

工程所需费用,基本上分为两大部分:

直接费用——完成工作直接有关的费用,如人力、机械、原材料等费用。

间接费用——管理费、设备租金等,是根据各个工作时间按比例分摊的,工作时间越少,间接费用就越少;反之,工作时间越多,间接费用就越多。

工程总费用就是直接费用与间接费用的总和,即

$$W = U + V$$

式中,W 为工程总费用;U 为直接费用;V 为间接费用。

工程费用与完工期之间的关系可用图3-23示。

从图3-23可直观看出,在正常工期和最短工期(缩短工期的最低限度,也简称赶工时间)之间,存在着一个最优工期,此时总费用最少。

为了简便起见,假设工序的直接费用与工序时间是线性关系如图3-24

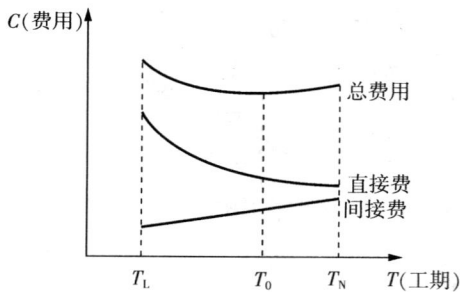

T_L—最短工期;T_O—最优工期;T_N—正常工期
图 3-23 工程费用与完工期的关系

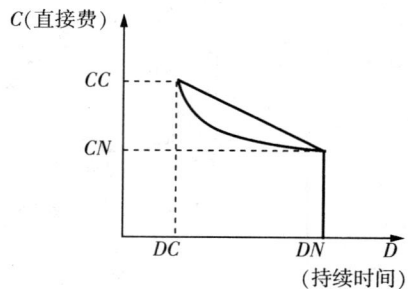

DN——工作的正常持续时间;
CN——按正常持续时间完成工作时所需的直接费用;
DC——工作的最短持续时间;
CC——按最短持续时间完成工作时所需的直接费用。

图 3-24 工序的直接费用与工序时间的关系

设工作 $i-j$ 每赶一天进度所需要增加的费用为 ΔD_{i-j}，则

$$\Delta D_{i-j} = \frac{CC_{i-j} - CN_{i-j}}{DN_{i-j} - DC_{i-j}} \qquad (3-37)$$

式中，ΔD_{i-j} 为工作 $i-j$ 的直接费用率；CC_{i-j} 为赶工所需直接费用；CN_{i-j} 为正常完工所需直接费用；DN_{i-j} 为正常完工所需时间；DC_{i-j} 为赶工时间。

显然，直接费用率越大的工序，每缩短一天，花的直接费用就越多。在考虑缩短工程工期时，当然是要缩短某一道或某几道各关键工作中的工期，应将直接费用率最小的关键工作作为压缩对象。当有多条关键线路出现而需要同时压缩多个关键工作的持续时间时，应将它们的直接费用率之和（组合直接费用率）最小者作为压缩对象。

3.5.3　资源优化

资源指为完成任务所需的人力、材料、机械设备和资金等。

在人力、材料、机械设备和资金有限的条件下，寻求工期最短；或在工期规定的条件下，寻求投入的人力、材料、机械设备和资金等资源的数量最小，这些都属于资源优化的问题。

资源优化是通过改变工作的开始时间，使资源按时间的分配符合优化目标。根据优化目标的不同，一般有两种优化方法：一种是"资源有限，工期最短"的优化；另一种是"工期固定，资源均衡"的优化。前者是通过调整计划安排，在满足资源限制条件下，使工期延长最少的过程；而后者是通过调整计划安排，在工期保持不变的条件下，使资源需用量尽可能均衡的过程。

这里所讲的资源优化，前提条件是：

① 优化不改变网络计划中各项工作之间的逻辑关系。

② 优化不改变网络计划中各项工作的持续时间。

③ 网络计划中各项工作的资源强度（单位时间所需资源数量）为常数，而且是合理的。

④ 除规定可中断的工作外，一般不允许中断工作，应保持其连续性。

"资源有限，工期最短"的优化一般可按以下步骤进行：

首先，按照各项工作的最早开始时间安排进度计划，并计算网络计划每个时间单位的资源需用量。

然后，从计划开始日期起，逐个检查每个时段（每个时间单位资源需用量相同的时间段）资源需用量是否超过所能供应资源限量。如果在整个工期范围内每个时段的资源需用量均能满足资源限量的要求，则可行性优化方案就编制完成；否则，必须转入下一步进行计划的调整。

再分析超过资源限量的时段。如果在该时段内有几项工作平行作业，则采取将一项工作安排在与之平行的另一项工作之后进行的方法，以降低该时段的资源需用量，但是这样的安排可能会造成网络计划的工期延长。在有资源冲突的时段中，对平行作业的工作进行两两排序，可得出若干个这样安排之后造成网络计划的工期延长值，选择其中最小的（即工期延长最短）进行相应的工作安排，就既可降低该时段的资源需用量，又使网络计划的工期延长最短。

对调整后的网络计划重新安排，重新计算每个时间单位的资源需用量。

重复上述过程，直至网络计划整个工期范围内每个时间单位的资源需用量均满足资源限量为止。

"工期固定，资源均衡"的优化是在安排建设工程进度计划时，希望使资源需用量尽可能地均衡，使整个工程每个单位时间的资源需用量不出现过多的高峰和低谷，这样不仅有利于工程建设

的组织管理,而且可以降低工程费用。

"工期固定,资源均衡"的优化方法有多种,如方差值最小法,极差值最小法,削高峰法等。

这里仅介绍削高峰法的基本步骤:

第一步:计算网络计划每"时间单位"资源需要量。

第二步:确定削峰目标,其数值等于每"时间单位"资源需要量的最大值减去一个单位量。

第三步:确定高峰时段的最后时间点 T_h 及相关工作的最早开始时间 ES_{i-j}(或 ES_i)和总时差 TF_{i-j}(或 TF_i)。

第四步:计算有关工作的时间差值。

对于双代号网络计划:

$$\Delta T_{i-j} = TF_{i-j} - (T_h - ES_{i-j}) \tag{3-38}$$

对于单代号网络计划:

$$\Delta T_i = TF_i - (T_h - ES_i) \tag{3-39}$$

式中 ΔT_{i-j}、ΔT_i——分别为双代号网络计划和单代号网络计划工作的时间差值;

$T_h T$——高峰时段的最后时间点。

优先以时间差值最大的工作 $i'-j'$ 或 i' 作为调整对象,令

$$ES_{i'-j'} = T_h \tag{3-40}$$

或

$$ES_i = T_h \tag{3-41}$$

第五步:若峰值不能再减少,即求得均衡优化方案;否则,重复以上过程。

3.6 非肯定型网络计划

前面介绍的网络计划中,各项工作之间的逻辑关系是肯定的,只有前面的工作完成了或是进行到了一定的阶段其紧后工作才能开展,并且各项工作的完成时间也是确定的,所以它们都属于肯定型的网络计划。但在许多实际的工程项目中,由于自然条件、协调关系等不可预见的影响因素,尤其是带有研发性质的某些工作,其逻辑关系或持续时间具有不确定性,属于随机变量,为了适应实际情况编制计划,人们只能根据经验和实际情况做出估计,这就产生了非肯定型的网络计划。

目前,肯定型网络计划主要代表为关键线路法(CPM)。非肯定型的网络计划中,主要有计划评审技术(PERT)和图示评审技术(GERT)。前者的逻辑关系是肯定的,而工作时间是不肯定的,是一种概率型的网络计划方法;后者的模型中,工作的完成及持续时间均带有一定的不确定性,是一种随机型的网络计划方法。计划评审技术应用较广泛,本节主要介绍这种方法。

3.6.1 计划评审技术的主要特点

美国海军研制北极星导弹,有上万家企业共同参加,承担着不同阶段工作,一个企业如不能如期完成,就会影响到其他企业的完成情况。同时,对研制工作所花的时间只能估计,难以确定。另外,研制工作还要求计划能够迅速反映不断变化的现实情况,以便及时调整和修订,否则就失去了计划的指导作用。美国海军特种工程室与布兹、艾伦和汉密尔顿咨询公司共同研究出一种新的计划方法——计划评审技术(PERT),它使北极星导弹研制工作提前两年完成。为此,1962

年,美国政府正式规定,凡投资额超过百万美元的任务,都要采用计划评审技术方法进行计划。这一规定,使计划评审技术方法得以广泛地普及和应用。

计划评审技术为了较好地反映时间参数非肯定型问题,对网络中每项工作有三个估计时间。用这三个时间估算值来反映工作时间的"不确定性",求出它们的加权平均时间或期望持续时间,然后按照关键线路法进行时间参数计算,根据概率分布规律确定各时间参数出现的概率,预测计划实现的可能性。

计划评审技术网络计划中部分或全部的工作持续时间实现是无法确定的,为了搞清楚工作持续时间及其概率分布,可借助于一定的数学工具,但需要进行大量的计算。为了简化起见,在制订计划评审技术网络图时,首先由最熟悉相关工作的人员估算出完成每项任务所需要的三种互不相同的时间:最乐观的(a)、最可能的(m)和最悲观的(b)三个时间,称为三点估计方法。

(1)最乐观估计时间(a),指在最有利情况下完成工作所需的进展时间,也是最短推断时间和最理想的估计时间;

(2)正常估计时间(m),指在正常条件下完成工作所需的进展时间。它是在同样条件下,多次进行某项工作时,完成机会最多的估计时间;

(3)悲观估计时间(b),指在最不利情况下完成工作所需的进展时间。一般认为,悲观时间包括施工活动正常的耽搁和延误时间,而不包括由不可预料的意外事件的影响而造成的停工时间,如地震、海啸、战争等不可抗力。

以上三点估计持续时间其实就是某一随机过程概率分布的三个代表性参数。上限 b、下限 a 和峰值位置 m,如图 3-25 所示。此过程重复若干次,可得到与不同时间估计值相对应的出现频率的离散型频率分布如图 3-25(a);若重复此过程无限多次,出现频率将形成一连续的分布曲线,如图 3-25(b)。按照概率论中心极限定理,可以认为此曲线服从正态分布,实际实现的时间以一定的概率位于 a、b 边界之间。

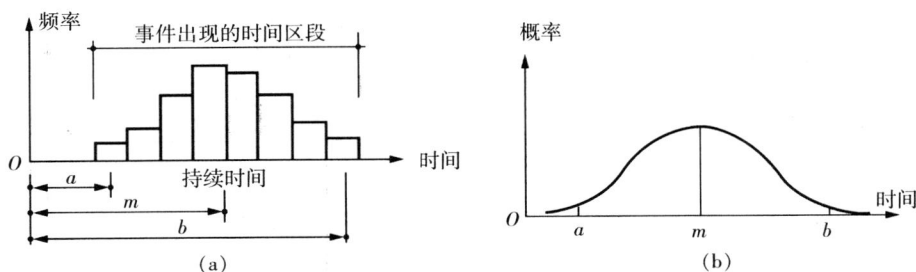

图 3-25 估计法

工作持续时间的期望值是要取随机变量的取值中心,有了期望值就可以将非肯定型问题转化为肯定型问题。可以通过加权平均的方法求得工作持续时间的期望值:

期望值:
$$D = \frac{a + 4m + b}{6} \tag{3-42}$$

三点估计持续时间概率分布的离散程度,即不确定性,可用方差或均方差表示:

方差:
$$\sigma^2 = \left(\frac{b-a}{6}\right)^2 \tag{3-43}$$

均方差： $$\sigma=\sqrt{\left(\frac{b-a}{6}\right)^2}=\frac{b-a}{6}\qquad(3-44)$$

σ 越大，表明持续时间概率分布的离散程度越大，说明估计时间的不肯定性较大如图 3-26 (b)；反之，σ 越小，表明持续时间概率分布的离散程度越小，说明估计时间的肯定性较大，有代表性。如图 3-26(a)所示。

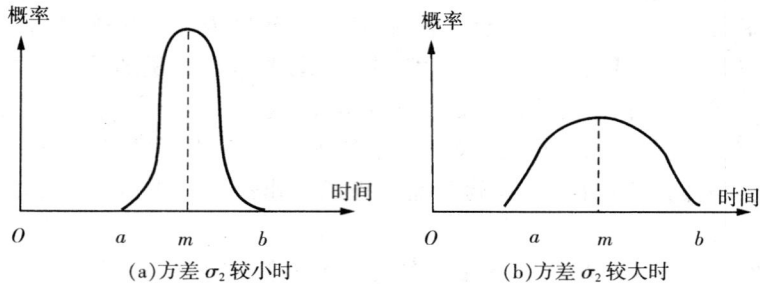

(a)方差 σ_2 较小时   (b)方差 σ_2 较大时

图 3-26　估计持续时间概率分布

3.6.2　绘图方法

计划评审技术网络图的绘制和关键线路法(CPM)网络图的绘制类似，首先，编制工程分析表。根据计划进度的控制需要，确定项目分解的粗细程度，将项目分解为网络计划的基本组成工作，并确定他们之间的先后顺序、逻辑关系，编制出工作分析一览表，作为绘制网络图的依据。

其次，估计各工作的持续时间，三个估计时间，即乐观估计时间 a、正常估计时间 m 和悲观估计时间 b，并算出其期望值和方差。

然后，确定计划及各个阶段的预定实现时间。

预定实现时间是根据计划中各个阶段的进度目标确定的时间，也可理解为规定性的计划工期，如合同规定的工程验收时间、指令性的交接时间等。当没有明确的阶段目标时，一般采用工作的最迟完成时间作为预定实现时间。

最后，依据各工作间的先后关系，绘制出计划评审技术网络图。

计划评审技术以节点表示事件，用箭线表示事件与事件之间的先后顺序和相互关系形成网络计划。

表 3-5 为某工程的各项工作名称、代号及各工作间的相互关系等数据。

表 3-5　某工程各项工作压标，代号及各工作间相互关系数据

工作名称	紧前工作	紧后工作	估计时间			持续时间均值D	方差 σ^2
			a	m	B		
A	—	B、C	4	5	6	5.00	0.11
B	A	D、E	6	7	11	7.50	0.69
C	A	E	5	5	5	5.00	0.00
D	B	—	4	7	8	6.67	0.44
E	B、C	—	10	12	14	12.00	0.44

绘制结果如图 3-27 所示。

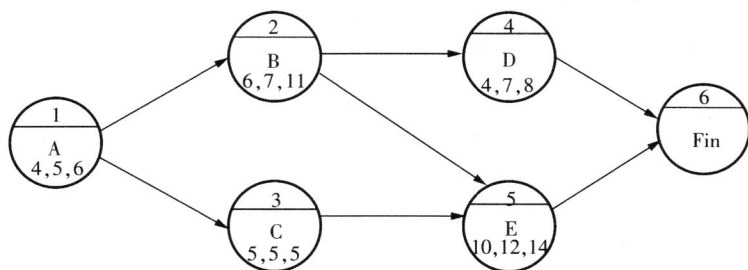

图 3-27　某工程计划评审技术网络图

3.6.3　计划评审技术网络计划时间参数计算

由于工作持续时间估计的随机性,造成整个计划评审技术网络计划中时间参数的计算结果也存在着某些不确定的因素,即需要计算时间参数的期望值和相应的方差。在计算中,可假设整个分布近似的服从正态分布。到达某一节点的线路上的工作越多,则这一正态分布假定就愈加精确,因为这时正负偏态分布比较更易于互相抵消。

计划评审技术网络计划一般按节点计算法计算时间参数,时间参数有节点最早时间和节点最迟时间及其方差、节点时差及实现概率、计划的期望工期与方差及计划完成的概率等。

1. 节点时间及方差

因计划评审技术网络图与关键线路法网络图时间参数的计算原理相同,则节点最早时间的计算由网络图开始节点开始沿箭头方向逐个节点计算至终点节点。即节点最早时间(ET)与其方差 $\sigma^2(ET)$ 计算公式为:

$$ET_1 = 0$$
$$\sigma^2(ET_1) = 0 \tag{3-45}$$
$$ET_j = \max[ET_i + \overline{D}_{i-j}]。 \tag{3-46}$$
$$\sigma^2(ET_j) = \sigma^2(ET_i) + \sigma^2(\overline{D}_{i-j}) \tag{3-47}$$

节点最迟时间计算由网络图终点节点开始逆箭头方向逐个节点计算至起点节点。

网络图终点节点为 n 时,则终点节点的最迟时间取及方差为:

$$LT_n = ET_n(或\ T_r)$$
$$\sigma^2(LT_n) = 0 \tag{3-48}$$
$$LT_i = \min[LT_j + D_{i-j}] \tag{3-49}$$
$$\sigma^2(LT_i) = \sigma^2(LT_j) + \sigma^2(D_{i-j}) \tag{3-50}$$

2. 节点时差及实现概率

节点时间变动的范围成为节点时差,即节点最早时间与最迟时间之差,用 TF 表示:

$$TF_i = LT_i - ET_i \tag{3-51}$$

在计划评审技术网络计划中，$TF=0$ 的节点称为关键节点，关键节点及其顺序箭线组成关键线路，这与关键线路法网络计划类似。不同之处在于，计划评审技术网络计划中时差是一个随机变量，计算所得的 TF 是一个期望值，可正可负。因此可以根据 TF 及其方差 $\sigma^2(TF)$ 估计节点完成的概率。

节点实现的概率可根据式（3-52）求出正态分布偏移值 t 后，查表 3-6，得出节点实现概率 P_i。

$$t=\frac{TF_i}{\sigma(TF_i)}=\frac{LT_i-ET_i}{\sqrt{\sigma^2(LT_i)+\sigma^2(ET_i)}} \tag{3-52}$$

有时某一节点 k 的完成期限在网络计划编制提前已有规定，完成后继续进行其他部分施工。在这种情况下，必须求出该节点完成的最早时间 ET_k 与规定期限 TP_k 之间的关系，当 $ET_k<TP_k$ 时，则易于保证按期或提前完成；当 $ET_k>TP_k$ 时，则需要估计保证该节点在规定期限完成的概率 P_k。

为求保证节点 k 在 TP_k 期限内完成的概率，可以通过式（3-53）计算正态分布的偏离值 t，查表（3-6），得出节点在规定工期 TP_k 完成的概率 P_k。

$$t=\frac{TP_k-ET_i}{\sqrt{\sigma^2(ET_k)}} \tag{3-53}$$

表 3-6　节点概率表

t	0.00	0.01	0.02	0.03	0.04	0.05	0.06	0.07	0.08	0.09
0.0	0.5000	0.5040	0.5080	0.5120	0.5160	0.5199	0.5239	0.5279	0.5319	0.5359
0.1	0.5398	0.5438	0.5478	0.5517	0.5557	0.5596	0.5636	0.5675	0.5714	0.5753
0.2	0.5793	0.5832	0.5871	0.5910	0.5948	0.5987	0.6026	0.6064	0.6103	0.6141
0.3	0.6179	0.6217	0.6255	0.6293	0.6331	0.6368	0.6406	0.6443	0.6480	0.6517
0.4	0.6554	0.6591	0.6628	0.6664	0.6700	0.6736	0.6772	0.6808	0.6844	0.6879
0.5	0.6915	0.6950	0.6985	0.7019	0.7054	0.7088	0.7123	0.7157	0.7190	0.7224
0.6	0.7257	0.7291	0.7324	0.7357	0.7389	0.7422	0.7454	0.7486	0.7517	0.7549
0.7	0.7580	0.7611	0.7642	0.7673	0.7703	0.7734	0.7764	0.7794	0.7823	0.7852
0.8	0.7881	0.7910	0.7939	0.7967	0.7995	0.8023	0.8051	0.8078	0.8106	0.8133
0.9	0.8159	0.8186	0.8212	0.8238	0.8264	0.8289	0.8315	0.8340	0.8365	0.8389
1.0	0.8413	0.8438	0.8461	0.8485	0.8508	0.8531	0.8554	0.8577	0.8599	0.8621
1.1	0.8643	0.8665	0.8686	0.8708	0.8729	0.8749	0.8770	0.8790	0.8810	0.8830
1.2	0.8849	0.8869	0.8888	0.8907	0.8925	0.8944	0.8962	0.8980	0.8997	0.9015
1.3	0.9032	0.9049	0.9066	0.9082	0.9099	0.9115	0.9131	0.9147	0.9162	0.9177
1.4	0.9192	0.9207	0.9222	0.9236	0.9251	0.9265	0.9278	0.9292	0.9306	0.9319
1.5	0.9332	0.9345	0.9357	0.9370	0.9382	0.9394	0.9406	0.9418	0.9430	0.9441
1.6	0.9452	0.9463	0.9474	0.9484	0.9495	0.9505	0.9515	0.9525	0.9535	0.9545

（续表）

t	0.00	0.01	0.02	0.03	0.04	0.05	0.06	0.07	0.08	0.09
1.7	0.9554	0.9564	0.9573	0.9582	0.9591	0.9599	0.9608	0.9616	0.9625	0.9633
1.8	0.9641	0.9648	0.9656	0.9664	0.9671	0.9678	0.9686	0.9693	0.9700	0.9706
1.9	0.9713	0.9719	0.9726	0.9732	0.9738	0.9744	0.9750	0.9756	0.9762	0.9767
2.0	0.9772	0.9778	0.9783	0.9788	0.9793	0.9798	0.9803	0.9808	0.9812	0.9817
2.1	0.9821	0.9826	0.9830	0.9834	0.9838	0.9842	0.9846	0.9850	0.9854	0.9857
2.2	0.9861	0.9864	0.9868	0.9871	0.9874	0.9878	0.9881	0.9884	0.9887	0.9890
2.3	0.9893	0.9896	0.9898	0.9901	0.9904	0.9906	0.9909	0.9911	0.9913	0.9916
2.4	0.9918	0.9920	0.9922	0.9925	0.9927	0.9929	0.9931	0.9932	0.9934	0.9936
2.5	0.9938	0.9940	0.9941	0.9943	0.9945	0.9946	0.9948	0.9949	0.9951	0.9952
2.6	0.9953	0.9955	0.9956	0.9957	0.9959	0.9960	0.9961	0.9962	0.9963	0.9964
2.7	0.9965	0.9966	0.9967	0.9968	0.9969	0.9970	0.9971	0.9972	0.9973	0.9974
2.8	0.9974	0.9975	0.9976	0.9977	0.9977	0.9978	0.9979	0.9979	0.9980	0.9981
2.9	0.9981	0.9982	0.9982	0.9983	0.9984	0.9984	0.9985	0.9985	0.9986	0.9986
3.0	0.9987	0.9990	0.9993	0.9995	0.9997	0.9998	0.9998	0.9999	0.9999	1.0000

注：① 本表最后一行自左至右依次是 $\varphi(3.0),\cdots,\varphi(3.9)$ 的值；
　　② $\varphi(-x)=1-\varphi(x)$。

3. 计划的期望工期与方差及计划完成的概率

计算计划的期望工期与一般肯定型网络计划求总工期的方法一样，即网络计划关键线路上所有持续时间的期望值 D 和方差 σ^2 的总和为计划的期望工期 TE 与期望工期的方差 σ_E^2。需注意的是，当网络计划存在多关键线路时，计划的期望工期的方差，应取多条关键线路的方差中的最大值。

思考题及习题

1. 网络图和横道图相比有哪些优点？

2. 网络图的概念及其分类是什么？

3. 什么是关键线路？如何确定？

4. 双代号网络图中虚工作如何表示？有什么作用？

5. 简述绘制双代号网络图的基本原则。

6. 简述双代号网络图的基本绘制步骤。

7. 双代号网络图中，工作的时间参数有哪些，如何计算？

8. 单代号网络图中，时间间隔（LAG）如何计算，它与工作的自由时差有何关系？

9. 什么是单代号搭接网络图？有哪些搭接关系？

10. 绘制时标网络图的步骤有哪些？

11. 什么是网络计划优化？优化的内容有哪些？各个优化的步骤如何？

12. 何谓非肯定性网络计划？

13. 图示评审技术和计划评审技术的根本区别在于何处？

14. 某工程有十项工作组成。它们之间的网络逻辑关系如下表所示：

工作名称	紧前工作	持续时间(d)
A	—	5
B	—	3
C	E	5
D	E、F	6
E	A、B	2
F	A	6
G	D、P	8
H	C、Q、D	6
P	A、B	9
Q	A	10

问题:

(1)依据表中逻辑关系绘制双代号网络图;

(2)用图上计算法计算时间参数。

15.已知各工作间的逻辑关系见表3-7,请画出单代号网络图,并计算时间参数,找出关键线路。

工作逻辑关系

工作	A	B	C	D	E	G	H	I
紧前工作	—	—	—	—	A、B	B、C、D	C、D	E、G、H

16.某工程由 A、B、C、D、E 和 G 等六项工作组成,各项工作持续时间和工作之间的搭接时距如图 3-28 所示:

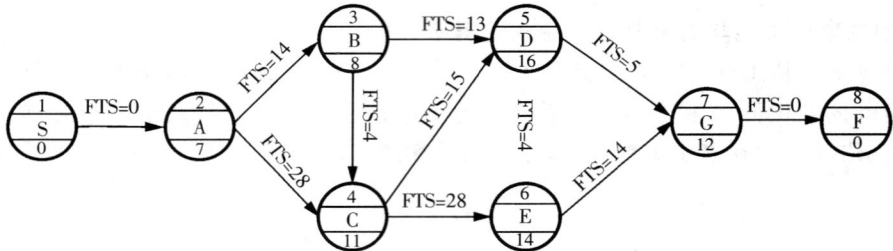

图 3-28 单代号搭接网络计划

试计算该单代号搭接网络图的时间参数。判别单代号搭接网络计划的关键线路。

17.某工程由九项工作组成。各项工作之间的网络逻辑关系如表3-8所示:

表 3-8 各项工作之间的网络逻辑关系

工作名称	紧前工作	正常持续时间(d)	最短持续时间(d)	费用率(千元/d)
A	Q、R	30	23	4
B	R	12	9	9
C	Q	25	18	6
D	A、B	21	15	5
E	A、C	18	15	7
F	D、E	25	20	2
P	—	30	22	1
Q	P	24	15	3
R	P	18	15	8

根据工作之间的逻辑关系绘制双代号网络图。计算时间参数,确定关键线路和网络计划工期。如果合同工期为 100 天,该网络计划是否需调整?如何调整?在图上标出调整之网络计划的关键线路。

第4章 施工进度计划的控制与应用

学习要点:本章主要内容为施工进度计划的控制与应用,要求掌握实际进度与计划进度的比较方法;成本偏差与进度偏差的分析方法;掌握赢得值法评价指标和原理;熟悉进度计划的调整方法;熟悉进度计划在工程索赔中的应用。

4.1 实际进度与计划进度的比较

在施工项目实施的过程中,为了有效地进行施工控制,进度监控人员应经常地、定期地跟踪检查施工实际进度与实际成本情况,收集有关的数据资料,进行统计整理和对比分析,确定施工实际进度、成本与计划进度、成本之间是否有偏离以及偏离值的大小,提出施工项目的控制报告。

施工进度计划技术在进度控制和成本控制中有着至关重要的作用,其主要的应用范围如下:

(1)可以进行实际进度与计划进度的比较;

(2)可以在施工实施过程中进行进度计划的调整;

(3)可以进行进度与成本的综合控制。

实际进度与计划进度的比较和调整是建设工程进度控制的主要环节。一般按照以下步骤进行:

(1)**收集实际进度数据**

首先要收集实际进度数据,并对收集到的实际进度数据进行加工处理,形成与计划进度具有可比性的数据。例如,对检查时段实际完成工作量的进度数据进行整理、统计和分析,确定本期累计完成的工作量、本期已完成的工作量占计划总工作量的百分比等。

(2)**进行实际进度与计划进度的比较**

将收集的实际进度数据与计划进度进行对比,以确定是否产生偏差和偏差的大小。对比的方法有多种,常用的进度比较方法有横道图、S曲线、香蕉曲线、前锋线和列表比较法。实际进度与计划进度之间的关系有一致、超前、滞后等三种情况,对于超前或滞后的偏差,还应计算出偏差量。

(3)**分析进度偏差产生的原因**

通过实际进度与计划进度的比较,发现进度偏差时,为了采取有效措施调整进度计划,必须深入现场进行调查,分析产生进度偏差的原因。

(4)**分析进度偏差对后续工作和总工期的影响**

当查明进度偏差产生的原因之后,可以通过实际进度与计划进度的比较确定进度偏差,还可根据工作的自由时差和总时差预测该进度偏差对后续工作和总工期的影响程度,以确定是否以采取措施调整进度计划。

(5)**确定后续工作的限制条件和总工期允许变化的范围**

当出现的进度偏差影响到后续工作或总工期而需要采取进度调整措施时,应当首先确定可调整进度的范围,主要指关键节点、后续工作的限制条件以及总工期允许变化的范围。这些限制条件往往与合同条件有关,需要认真分析后确定。

(6)采取措施调整进度计划

采取进度调整措施,应以后续工作的限制条件和总工期允许变化的范围为依据,确保要求的进度目标得到实现。

施工进度计划的控制措施包括组织措施、经济措施、技术措施和管理措施,首先应运用组织措施进行调整。

(7)实施调整后的进度计划

进度计划调整之后,应采取相应的组织、经济、技术和管理措施落实进度计划,并继续监测其执行情况。

当发现有偏差时,返回第一步重新调整,一直到实现目标为止。

当偏离较大,目标无法实现时,可重新制定目标。

整个进度计划的调整过程就是一个 PDCA(P—Plan 计划,D—Do 实施,C—Check 检查,A—Ation 处理)循环过程,呈螺旋式上升的特点。

4.1.1 横道图比较法

横道图比较法是指在项目实施过程中,将检查实际进度收集到的数据,经加工整理后直接用横道线平行绘于原计划的横道线处,进行实际进度与计划进度的比较的一种方法。

采用横道图比较法,可以形象、直观地反映实际进度与计划进度的比较情况。

控制者可以根据各项工作的进度偏差,采取相应的纠偏措施对进度计划进行调整,以确保该工程按期完成。

在具体的工程项目中,根据工程项目中各项工作的进展是否匀速,可分别采用匀速进展横道图比较法和非匀速进展横道图比较法,来进行实际进度与计划进度的比较。

1. 匀速进展横道图比较法

匀速进展是指在工程项目中,每项工作在单位时间内完成的任务量都是相等的,即工作的进展速度是均匀的,每项工作累计完成的任务量与时间成线性关系。

完成的任务量可以用实物工程量、劳动消耗量或费用支出等表示,为了便于比较,通常用上述量的百分比表示。

采用匀速进展横道图比较法时,其步骤如下:

(1)编制横道图进度计划。

(2)在进度计划上标出检查日期。

(3)将检查收集到的实际进度数据经加工整理后按比例用涂黑的粗线标示于计划进度的下方,如图 4-1 所示。

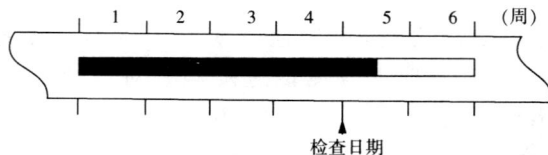

图 4-1 匀速进展横道图比较图

（4）对比分析：

①如果涂黑的粗线右端落在检查日期左侧，表明实际进度滞后；

②如果涂黑的粗线右端落在检查日期右侧，表明实际进度超前；

③如果涂黑的粗线右端与检查日期重合，表明实际进度与计划进度一致。

例如在图 4-1 中，第 4 周末检查时，实际进度超前。

例 4-1　某工程项目的计划进度和截止到第 8 周末的实际进度如图 4-2 所示，其中细线条表示该工程计划进度，粗实线表示实际进度。考虑各项工作均为匀速进展，从图中实际进度与计划进度的比较可以看出，到第 8 周末进行实际进度检查时，工作 A 按计划应该完成，但实际只完成 80％任务量拖欠 20％；工作 B 的实际进度拖后 2 周；工作 C 的实际进度正常；工作 D 尚未开始；工作 E 完成计划任务量，但延迟开工一周，完工时拖后一周。

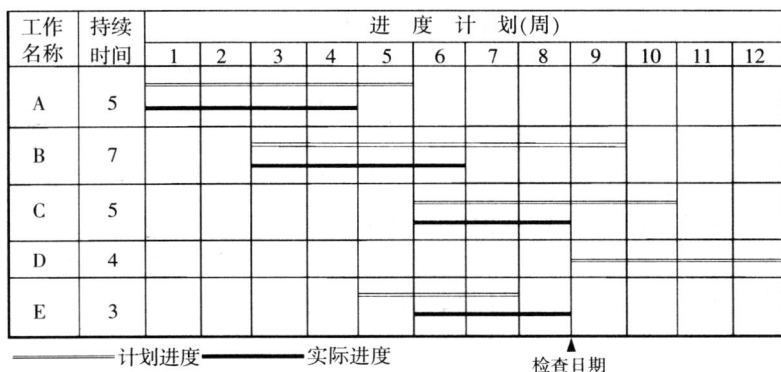

工作名称	持续时间	进度计划(周)											
		1	2	3	4	5	6	7	8	9	10	11	12
A	5												
B	7												
C	5												
D	4												
E	3												

————计划进度 ————实际进度　　检查日期

图 4-2　横道图计划进度与实际进度的比较

2. 非匀速进展横道图比较法

一般情况下，同一工作在不同单位时间里的进展速度不相等，累计完成的任务量与时间的关系不是线性关系。此时，应采用非匀速进展横道图比较法进行工作实际进度与计划进度的比较。

非匀速进展横道图比较法在用涂黑粗线表示工作实际进度的同时，还要标出其对应时刻完成任务量的累计百分比，通过该百分比与其同时刻的计划完成任务量的累计百分比相比较，判断工作实际进度与计划进度之间的关系。

采用非匀速进展横道图比较法时，其步骤如下：

（1）编制横道图进度计划；

（2）在横道线上方标出各主要时间工作的计划完成任务量累计百分比；

（3）在横道线下方标出相应时间工作的实际完成任务量累计百分比；

（4）用涂黑粗线标出工作的实际进度，同时反映该工作在实施过程中的连续与间断情况；

（5）通过比较同一时刻实际完成任务量累计百分比和计划完成任务量累计百分比，判断工作实际进度与计划进度之间的关系：

①　如果同一时刻横道线上方累计百分比大于横道线下方累计百分比，表明实际进度拖后，拖欠的任务量为二者之差；

②　如果同一时刻横道线上方累计百分比小于横道线下方累计百分比，表明实际进度超前，超前的任务量为二者之差；

③ 如果同一时刻横道线上下方两个累计百分比相等,表明实际进度与计划进度一致。

例 4-2　某工作计划进度与实际进度如图 4-3 所示。从图中可看出:第 1 天计划进度完成 10%,实际进度完成了 20%,超前 10%;第 2 天发生了停工;第 4 天至第 7 天内计划进度为匀速进展,并且该工作已提前 1 天完成。

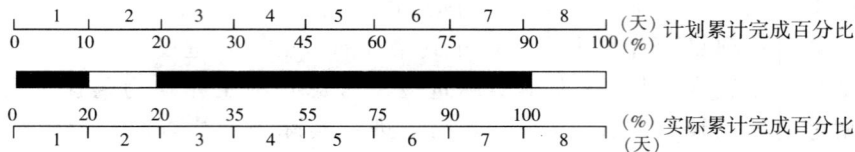

图 4-3　非匀速进展横道图比较图

必须注意,由于工作进展速度是变化的,因此,在图中的横道线,无论是计划的还是实际的,只能表示工作的开始时间、完成时间和持续时间,并不能表示计划完成的任务量和实际完成的任务量。

此外,采用非匀速进展横道图比较法,不仅可以进行某一时刻(如检查日期)实际进度与计划进度的比较,而且还能进行某一时间段实际进度与计划进度的比较。

横道图比较法虽有记录和比较简单、形象直观、易于掌握、使用方便等优点,但由于其以横道计划为基础,因而带有局限性。在横道计划中,各项工作之间的逻辑关系表达不明确,关键工作和关键线路无法确定。一旦某些工作实际进度出现偏差时,则难以预测其对后续工作和工程总工期的影响,也就难以确定相应的进度计划调整方法。因此,横道图比较法主要用于工程项目中某些工作实际进度与计划进度的局部比较。

4.1.2　S 曲线比较法(S-Curve)

S 曲线比较法是以横坐标表示时间,纵坐标表示累计完成任务量,绘制一条按计划时间累计完成任务量的 S 曲线;然后将工程项目实施过程中各检查时间实际累计完成任务量的 S 曲线也绘制在同一坐标系中,进行实际进度与计划进度比较的一种方法。

S 曲线可以用来表示项目的进度或成本随时间的变化关系。由于项目一般具有在初期投入的资源少,然后逐渐增多,到了中期投入最多,而后期资源又逐渐减少的特点,导致项目进度或成本随时间变化的曲线呈反 S 形状。由于其形似英文字母"S",S 曲线因此而得名,英文称谓 S-Curve。

从整个工程项目实际进展全过程看,单位时间投入的资源量一般是开始和结束时较少,中间阶段较多。与其相对应,单位时间完成的任务量也呈同样的变化规律。而随工程进展累计完成的任务量则应呈 S 形变化。

1. S 曲线的绘制方法如下:

(1)确定单位时间计划完成任务量;

(2)计算不同时间累计完成任务量;

(3)根据累计完成任务量绘制 S 曲线。

2. 实际进度与计划进度的比较

同横道图比较法一样,S 曲线比较法也是在图上进行工程项目实际进度与计划进度的直观比较。在工程项目实施过程中,按照规定时间将检查收集到的实际累计完成任务量绘制在原计划 S 曲线图上,即可得到实际进度 S 曲线,如图 4-4 所示。

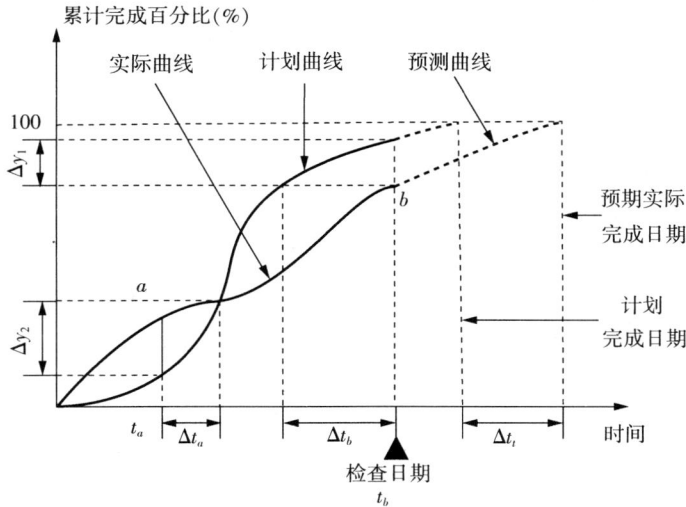

图 4-4　S 曲线比较法

通过比较实际进度 S 曲线和计划进度 S 曲线,可以获得如下信息:

(1)工程项目实际进展状况

如果工程实际进展点落在计划 S 曲线左侧,表明此时实际进度比计划进度超前,如图 4-4 中的 a 点;如果工程实际进展点落在 S 计划曲线右侧,表明此时实际进度拖后,如图 4-4 中的 b 点;如果工程实际进展点正好落在计划 S 曲线上,则表示此时实际进度与计划进度一致。

(2)工程项目实际进度超前或拖后的时间

在 S 曲线比较图中可以直接读出实际进度比计划进度超前或拖后的时间。如图 4-4 所示,Δt_a 表示 t_a 时刻实际进度超前的时间;Δt_b 表示 t_b 时刻实际进度拖后的时间。

(3)工程项目实际超额或拖欠的任务量

在 S 曲线比较图中也可直接读出实际进度比计划进度超额或拖欠的任务量。如图 4-4 所示,Δy 表示 t_a 时刻超额完成的任务量,Δy_2 表示 t_b 时刻拖欠的任务量。

(4)后期工程进度预测

如果后期工程按原计划速度进行,则可做出后期工程预测 S 曲线如图 4-4 中虚线所示,从而可以确定工期拖延预测值 Δt。

4.1.3　香蕉曲线比较法

香蕉曲线比较法是工程项目施工进度比较的方法之一,"香蕉"曲线是由两条以同一开始时间、同一结束时间的 S 型曲线组合而成。其中,一条 S 型曲线是工作按最早开始时间安排进度所绘制的 S 型曲线,简称 ES 曲线;而另一条 S 型曲线是工作按最迟开始时间安排进度所绘制的 S 型曲线,简称 LS 曲线。两条 S 型曲线都是从计划的开始时刻开始和完成时刻结束,因此两条曲线是闭合的。一般情况,除了项目的开始和结束点外,其余时刻 ES 曲线上的各点均落在 LS 曲线相应点的上方,形成一个形如"香蕉"的曲线,故此

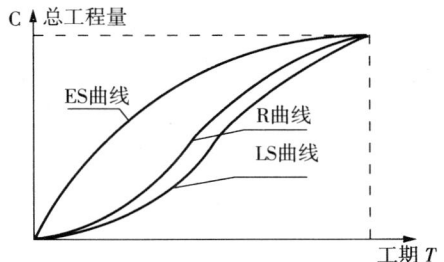

图 4-5　香蕉曲线比较法

称为"香蕉"曲线。同一时刻两条曲线所对应完成的工作量是不同的,在项目的实施中进度控制的理想状况是任一时刻按实际进度描绘的曲线 R,应落在该"香蕉"曲线的区域内。如图 4-5 所示:

"香蕉"曲线比较法的作用:

(1)利用"香蕉"曲线进行进度的合理安排;

(2)进行施工实际进度与计划进度比较;

(3)确定在检查状态下,后期工程的 ES 曲线和 LS 曲线的发展趋势。

"香蕉"曲线的作图方法与 S 型曲线的作图方法基本一致,所不同之处在于它是分别以工作的最早开始时间和最迟开始时间而绘制的两条 S 型曲线的结合。

4.1.4 前锋线比较法

所谓前锋线,是指在原时标网络计划上,从检查时刻的时标点出发,用点划线依次将各项工作实际进展位置点连接而成的折线。

前锋线比较法是通过绘制某检查时刻工程项目实际进度前锋线,进行工程实际进度与计划进度比较的方法,它主要适用于时标网络计划。前锋线比较法通过实际进度前锋线与原进度计划中各工作箭线交点的位置来判断工作实际进度与计划进度的偏差,进而判定该偏差对后续工作及总工期影响程度。

其步骤如下:

(1)绘制时标网络计划图

工程项目实际进度前锋线是在时标网络计划图上标示,为清楚起见,可在时标网络计划图的上方和下方各设一时间坐标。

(2)绘制实际进度前锋线

一般从时标网络计划图上方时间坐标的检查日期开始绘制,依次连接相邻工作的实际进展位置点,最后与时标网络计划图下方坐标的检查日期相连接。

工作实际进展位置点的标定方法有两种:

① 按该工作已完任务量比例进行标定。假设工程项目中各项工作均为匀速进展,根据实际进度检查时刻该工作已完任务量占其计划完成总任务量的比例,在工作箭线上从左至右按相同的比例标定其实际进展位置点。

② 按尚需作业时间进行标定。当某些工作的持续时间难以按实物工程量来计算而只能凭经验估算时,可以先估算出检查时刻到该工作全部完成尚需作业的时间,然后在该工作箭线上从右向左逆向标定其实际进展位置点。

(3)进行实际进度与计划进度的比较

前锋线可以直观地反映出检查日期有关工作实际进度与计划进度之间的关系。对某项工作来说,其实际进度与计划进度之间的关系可能存在以下三种情况:

① 工作实际进展位置点落在检查日期的左侧,表明该工作实际进度拖后,拖后的时间为二者之差;

② 工作实际进展位置点与检查日期重合,表明该工作实际进度与计划进度一致;

③ 工作实际进展位置点落在检查日期的右侧,表明该工作实际进度超前,超前的时间为二者之差。

(4)预测进度偏差对后续工作及总工期的影响

通过实际进度与计划进度的比较确定进度偏差后,还可根据工作的自由时差和总时差预测该进度偏差对后续工作及项目总工期的影响。由此可见,前锋线比较法既适用于工作实际进度与计划进度之间的局部比较,又可用来分析和预测工程项目整体进度状况。

以上比较是针对匀速进展的工作。对于非匀速进展的工作,比较方法较复杂。

例 4-3　某分部工程时标网络计划如下图 4-6 所示,当施工进行到第 3 周末及第 9 周末时,检查实际进度如图中前锋线所示,试进行实际进度与计划进度的比较。

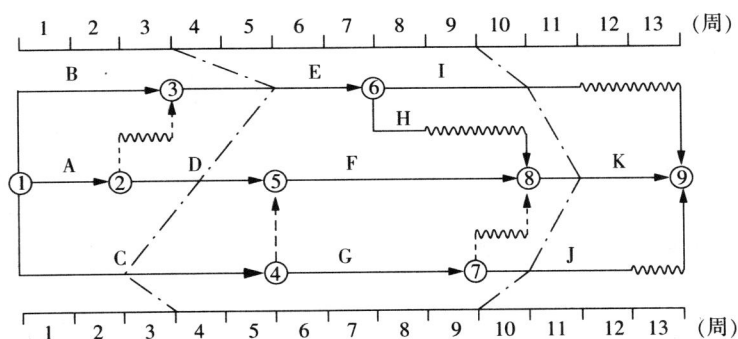

图 4-6　某分部工程时标网络计划

解:第 3 周末检查时:工作 E 提前 2 周。工作 D 进度正常,不影响工期。关键工作 C 拖后 1 周,将影响工期 1 周。第 9 周末检查时,工作 I、J 提前 1 周。工作 K 提前 2 周,将影响工期。

例 4-4　某工程施工总承包合同工期为 20 个月,在工程开工之前,总承包单位向总监理工程师提交了施工总进度计划,如图 4-7 所示,并得到批准。

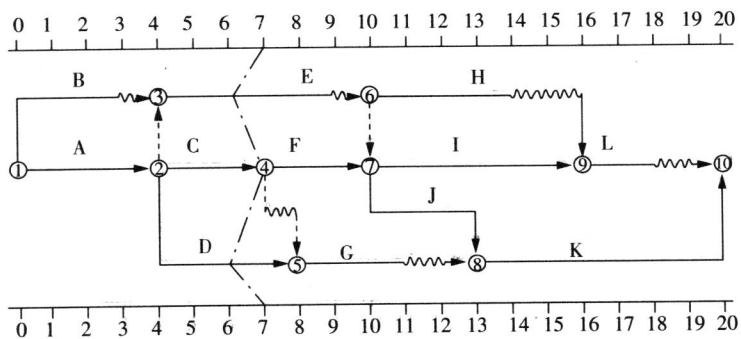

图 4-7　某工程施工总进度计划

当工程进行到第 7 个月末时,进度检查绘出的实际进度前锋线如图 4-7 所示。

E 工作和 F 工作于第 10 个月末完成以后,业主决定对 K 工作进行设计变更,变更设计图纸于第 13 个月末完成。

工程进行到第 12 个月末时,进度检查发现:

(1)H 工作刚刚开始;

(2)I 工作仅完成了 1 个月的工作量;

(3)J 工作和 G 工作刚刚完成。

问:

1. 为保证工期,在施工总进度计划中应重点控制哪些工作?

2. 根据第 7 个月末工程施工进度检查结果,分别分析 E、C、D 工作的进度情况及对其紧后工作和总工期产生什么影响。

3. 根据第 12 个月末进度检查结果,绘出进度前锋线。此时总工期为多少个月?

4. 由于 J、G 工作完成后 K 工作的施工图纸未到,K 工作无法在第 12 个月末开始施工,总承包单位就此向业主提出了费用索赔。应如何处理? 说明理由。

解:

1. 重点控制的工作指的是关键工作,在双代号时标网络图中,表现为没有波形线的线路上的工作,即为:A、C、F、J、K。

2. (1)E 工作拖后 1 个月,其自由时差正好 1 个月,所以拖后不会影响紧后 H、I、J 工作的最早开始时间;E 工作总时差为 1 个月,因此也不会拖延总工期,由于 J 工作为关键工作,拖延会对总工期产生影响。

(2)C 工作实际进度与计划进度一致(或无进度偏差),不影响 F、G 的最早开始时间,不影响总工期。

(3)D 工作拖后 1 个月,影响 G 工作的最早开始时间,但 G 工作有 2 个月的自由时差,所以不影响总工期。

3. 可绘出第 12 个月末进度前锋线如图 4-8 所示;

此时总工期为 19 个月。

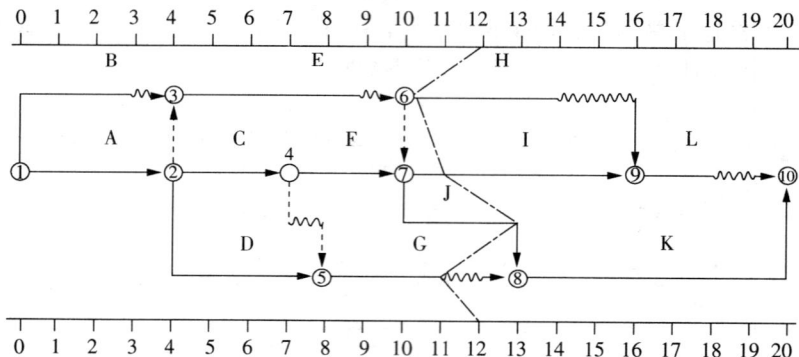

图 4-8　某工程第 12 个月末进度前峰线

4. 不予批准。因为,工作设计变更图纸于第 13 个月末完成对总监理工程师批准的进度计划并未造成影响,故不予批准。

4.1.5　列表比较法

当工程进度计划用非时标网络图表示时,可以采用列表比较法进行实际进度与计划进度的比较。这种方法是记录检查日期应该进行的工作名称及其已经作业的时间,然后列表计算有关时间参数,并根据工作总时差进行实际进度与计划进度比较的方法。

采用列表比较法进行实际进度与计划进度的比较,其步骤如下:

(1)对于实际进度检查日期应该进行的工作,根据已经作业的时间,确定其尚需作业时间。

(2)根据原进度计划,计算检查日期应该进行的工作从检查日期到原计划最迟完成时尚余时间。

(3)计算工作尚有总时差,其值等于工作从检查日期到原计划最迟完成时间尚余时间与该工作尚需作业时间之差。

(4)比较实际进度与计划进度,可能有以下几种情况:

① 如果工作尚有总时差与原有总时差相等,说明该工作实际进度与计划进度一致;

② 如果工作尚有总时差大于原有总时差,说明该工作实际进度超前,超前的时间为两者之差;

③ 如果工作尚有总时差小于原有总时差,且仍为非负值,说明该工作实际进度拖后,拖后时间为两者之差,但不影响总工期;

④ 如果工作尚有总时差小于原有总时差,且为负值,说明该工作实际进度拖后,拖后时间为两者之差,此时工作实际进度偏差将影响总工期。

例 4-5　某工程项目进度计划如图 4-6 所示。该计划执行到第 10 周末检查实际进度时,发现工作 A、B、C、D、E 已经全部完成,工作 F 已进行 2 周,工作 I 已进行 1 周,工作 G 已进行 3 周,工作 K、J 尚未开始,试用列表比较法进行实际进度与计划进度的比较。

解:根据工程项目进度计划与实际进度检查结果,可以计算出检查日期应进行工作的尚需作业时间、原有总时差及尚有总时差等,计算结果见表。通过比较尚有总时差和原有总时差,即可判断目前工程实际进展状况。

工程进度检查比较表

工作名称	检查计划时尚需作业周数	到计划最迟完成时间余周数	原有总时差	尚有总时差	情况判断
I	3	3	2	0	拖后 2 周,但不影响工期
F	3	0	0	-3	拖后 3 周,影响工期 3 周
G	1	0	1	-1	拖后 2 周,影响工期 1 周

4.2　施工进度计划实施中的调整

在工程项目实施过程中,通过实际进度与计划进度的比较,发现有进度偏差时,应根据偏差对后续工作以及总工期的影响,采取相应的调整方法对原进度计划进行调整,以确保工期目标的顺利实现。

4.2.1　进度计划的调整步骤

进度计划实施过程中的调整步骤如下:分析计划执行情况,分析出现进度偏差的工作是否为关键工作,分析进度偏差是否超过总时差,分析进度偏差是否超过自由时差,确定调整的对象和目标;选择适当的调整方法;编制调整方案;对调整方案进行评价和决策;确定调整后付诸实施的新计划。

以下仅对施工进度计划的调整方法予以介绍。

4.2.2　进度计划的调整方法

通过对施工进度计划实施情况的检查和分析,根据进度偏差的大小以及影响程度,可分别采用下列两种调整方法:

1. 改变工作之间的逻辑关系

这种方法的特点是:在不改变工作的持续时间和不增加各种资源总量的情况下,通过改变工作之间的逻辑关系来完成。工作之间的逻辑关系有三种:依次关系、平行关系和搭接关系。通过调整施工的技术方法和组织方法,改变工作原有的逻辑关系而纠正偏差、缩短工期。

例4-6 某工程双代号施工网络计划如图4-9所示,工作C和工作G需共用一台施工机械且只能按先后顺序施工(工作C和工作G不能同时施工),合同工期为23个月。该进度计划经监理工程师审核后未被批准,认为不能满足工作C和工作G共用一台施工机械的条件。请问该施工网络进度计划应如何调整才较合理?

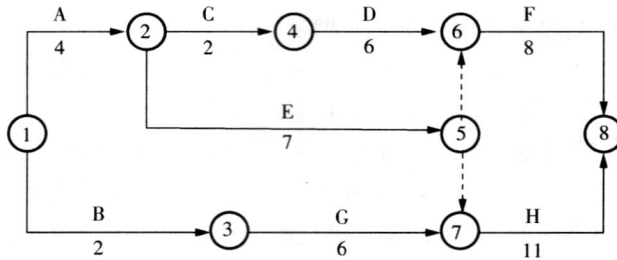

图4-9 某工程双代号施工网格计划

(1)按工作时间计算法,对该网络计划工作最早时间参数进行计算:

关键路线为所有线路中最长的线路,其长度等于22个月。从图4-10中可见,关键线路为1-2-5-7-8,关键工作为A、E、H。

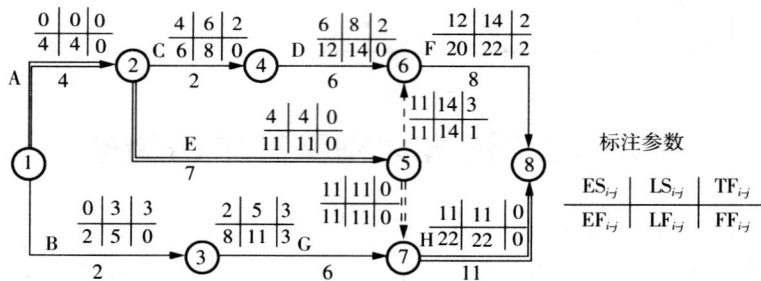

图4-10

(2)工作C和工作G共用一台施工机械且需按先后顺序施工时,有两种可行的方案:

方案一:按先C后G顺序施工,调整后网络计划如图4-11所示。

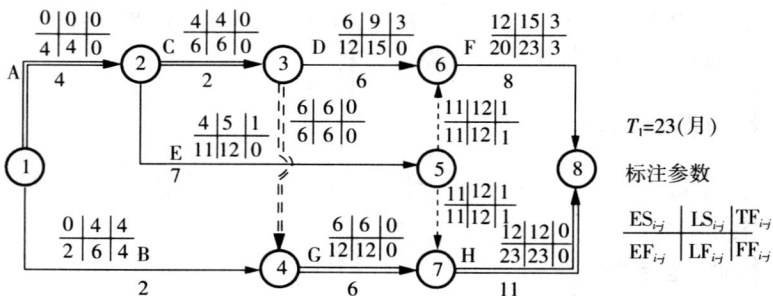

图4-11

计算工期 $T_1 = 23$（月），关键路线为 $1-2-3-4-7-8$。

方案二：按先 G 后 C 顺序施工，调整后网络计划如图 $4-12$ 所示。

可求得计算工期 $T_2 = \max\{EF8-10, EF9-10\} = \max\{24, 22\} = 24$（月），关键线路为 $1-3-4-5-6-8-10$。

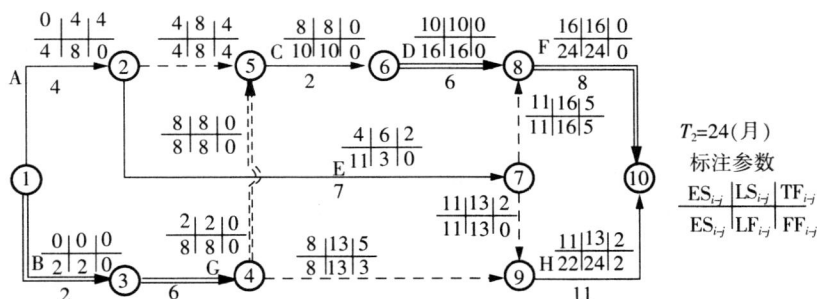

图 $4-12$

通过上述两方案的比较，方案一的工期比方案二的工期短，且满足合同工期的要求。因此，应按先 C 后 G 的顺序组织施工较为合理。

2. 缩短某些工作的持续时间

这种方法的特点是不改变工作之间的逻辑关系，仅通过缩短网络计划中关键工作和超过计划工期的非关键线路上的工作的持续时间来达到缩短工期的目的。它一般允许调整的时间幅度有限，且需要采取一定的技术组织措施，增加资源的投入，改进施工方法，提高劳动效率等。

在选择压缩持续时间的工作时，要考虑下列因素：对质量和安全影响不大的工作应优先考虑；有充足备用资源的工作应优先考虑；费用增加最少的工作应优先考虑。

当采用上述方法将可能压缩工作的持续时间均压缩至最短后仍不能满足工期要求时，组织各项工作的平行作业或搭接作业，或改变工作之间的逻辑关系，绘制新的网络计划。

详见网络计划的工期优化例题。

4.3　成本与进度的综合控制

施工阶段是控制建设工程项目成本发生的主要阶段，它通过确定成本目标并按计划成本进行资源配置，对施工现场发生的各种成本费用进行有效控制。在确定了施工成本计划后，必须定期进行施工成本计划值与实际值的比较。当实际值偏离计划值时，就要分析产生偏差的原因，采取适当的纠偏措施，以确保施工成本控制目标的实现。

目前国际上普遍采用进度计划与赢得值法相结合进行成本和进度的综合控制和偏差分析，该方法作为一项先进的项目管理技术在施工管理中显现出很好的效果。

在进度控制中引入赢得值法，可以避免进度、成本分开控制的缺点。即当我们发现成本超支时，能够判断是由于成本超出预算，还是由于进度提前。

4.3.1　赢得值法基本参数

赢得值法基本参数有三项，即已完工程预算费用、计划工作预算费用和已完工程实际费用。

1. 已完工程预算成本 BCWP(Budgeted Cost for Work Performed)

指在某一时间已经完成的工作(或部分工作),以批准认可的预算为标准所需要的资金总额。BCWP 表示实际完成的任务对应的预算成本,在工程承包过程中,业主正是以此金额作为支付依据,也就是承包人挣得的金额,故称赢得值或挣值。

已完工程预算成本 BCWP＝已完工作量×预算单价。

2. 计划工作预算成本 BCWS(Budgeted cost for work scheduled)

是根据进度计划在某一时刻应当完成的工作(或部分工作),以预算为标准所需要的资金总额。

计划工作预算成本 BCWS＝计划工作量×预算单价。

3. 已完成工作实际成本 ACWP(Actual Cost for Work Performed)

是指到某一时刻为止,已完成的工作(或部分工作)所实际成本的总额。

已完工作实际成本 ACWP＝已完工作量×实际单价。

如图 4-13 所示,第七周为检查点,前锋线左边的全部工作的预算成本即为 BCWP,竖直虚线左边的全部工作的预算成本即为 BCWS,全部工作的实际成本即为 ACWP。

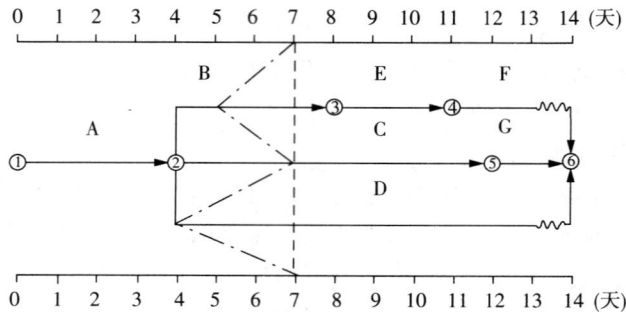

图 4-13 赢得值法示意图

4.3.2 赢得值法评价指标

常用的评价指标有成本偏差(Cost Variance,CV)、进度偏差(Schedule Variance,SV)、成本绩效指数(Cost Performed Index,CPI)和进度绩效指数(Schdule Performed Index,SPI)。

1. 成本偏差 CV＝BCWP－CWP

当成本偏差 CV 为负值时,即表示项目运行超出预算成本;当 CV 为正值时,表示项目运行节支,实际成本没有超出预算成本。

2. 进度偏差 SV＝BCWP－BCWS

当进度偏差 SV 为负值时,即表示进度延误,即实际进度落后于计划进度;当 SV 为正值时,表示进度提前,即实际进度快于计划进度。

3. 成本绩效指数 CPI＝BCWP/ACWP

当成本绩效指数 CPI<1 时,表示超支,即实际成本高于预算成本;当 CPI>1 时,表示节支,即实际成本低于预算成本。

4. 进度绩效指数 SPI＝BCWP/BCWS

当进度绩效指数<1 时,表示进度延误,即实际进度比计划进度拖后;当进度绩效指数CPI>1 时,表示进度提前,即实际进度比计划进度快。

成本(进度)偏差反映的是绝对偏差,结果很直观,有助于成本管理人员了解项目成本出现偏差的绝对数额。但是,绝对偏差有其不容忽视的局限性。例如同样是 10 万元的成本偏差,对于总成本 100 万元的项目和 1000 万元的项目,其严重性显然是不同的。

运用赢得值法对工程进度和成本进行分析,其实质是在已知初始状态(计划工程预算价格)和终了状态(工程进展到一定阶段时的实际价格)的前提下,分析造成这两种状态不相同的各种因素。例如,某工程计划于某时刻完成投资 3000 万元,实际完成 2800 万元。运用赢得值法分析可以知道,少了 200 万元的原因是投资节约还是工程延误。同样,当投标价格与实际分包价格发生意外偏离时,运用赢得值法,可以分析这种偏离是由于工程量变化引起的,还是由于投标单价引起的。

4.3.3　利用横道图法进行偏差分析

用横道图进行成本偏差分析,是用不同的横道标识已完工作预算成本,计划工作预算成本和已完工作实际成本,横道的长度与其金额成正比例。

横道图法具有形象,直观,一目了然的热点,能够准确表达出成本的绝对偏差,而且能反映偏差的严重性;但这种方法反映的信息量少。

例 4 - 7 某工程项目有 2 000 m² 地面施工任务,计划于 6 个月内完成,计划的各工作项目单价和拟完成的工作量如表 4 - 1 所示。该工程进行了 3 个月以后,发现某些工作项目实际已完成的工程量及实际单价与原计划有偏差,其实际数值也列于表 4 - 1 中(说明:本题假定各工作项目在 3 个月内均是以等速、等值进行的)。

表 4 - 1　某工程项目与实际数据

工作项目名称	平整场地	室内夯填土	垫层	缸砖面砂浆结合	踢脚
单位	100m²	100m³	10m³	100m²	100m²
计划拟完工程量(3 个月)	150	20	60	100	13.5
计划单价(元/单位)	16	46	450	1520	1620
实际已完工程量(3 个月)	150	18	48	70	9.5
实际单价(元/单位)	16	46	450	1800	1650

试用横道图法表明各工作项目的进展及偏差情况,分析并在图上标明其偏差情况。

解:分析施工成本偏差:

平整场地:　　　　拟完工程计划施工成本＝150×16＝2400(元)

　　　　　　　　已完工程实际施工成本＝150×16＝2400(元)

　　　　　　　　已完工程计划施工成本＝150×16＝2400(元)

　　施工成本偏差＝已完工程实际施工成本－已完工程计划施工成本＝0(元)

　　进度偏差＝拟完工程计划施工成本－已完工程计划施工成本＝0(元)

　　　　　夯填土:拟完工程计划施工成本＝20×46＝920(元)

　　　　　已完工程实际施工成本＝18×46＝828(元)

　　　　　已完工程计划施工成本＝18×46＝828(元)

　　施工成本偏差＝已完工程实际施工成本－已完工程计划施工成本＝0(元)

进度偏差＝拟完工程计划施工成本－已完工程计划施工成本＝92(元)

缸砖面结合：拟完工程计划施工成本＝100×1520＝152000(元)

已完工程实际施工成本＝70×1800＝126000(元)

已完工程计划施工成本＝70×1520＝106400(元)

施工成本偏差＝已完工程实际施工成本－已完工程计划施工成本＝19600(元)

进度偏差＝拟完工程计划施工成本－已完工程计划施工成本＝45600(元)

横道图施工成本偏差分析，表中各横道形式表示如图4－14所示。

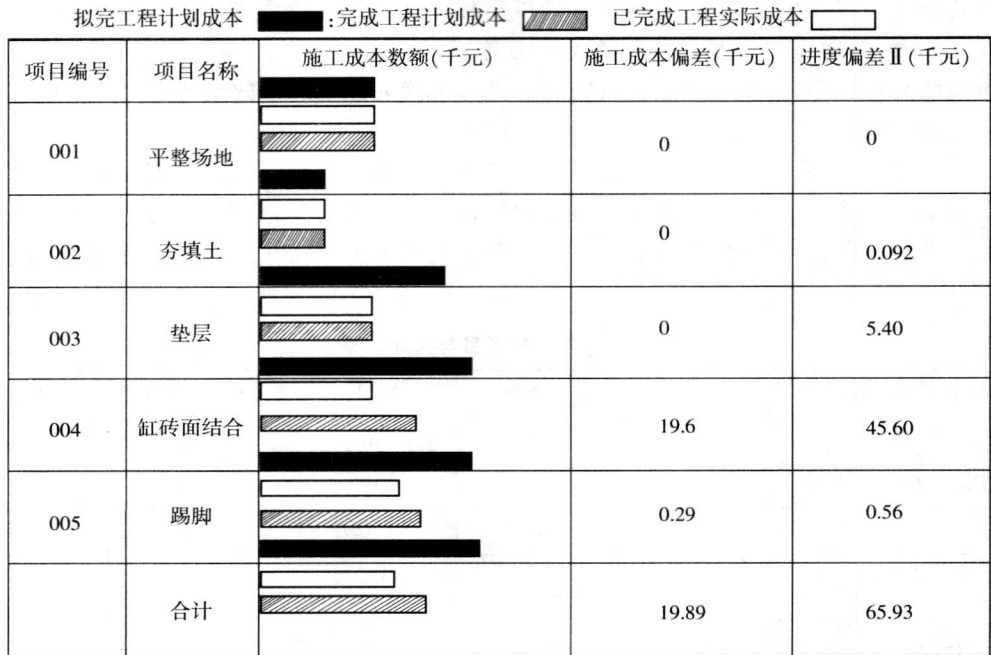

拟完工程计划成本 ▮；完成工程计划成本 ▨ 已完成工程实际成本 ▢

项目编号	项目名称	施工成本数额(千元)	施工成本偏差(千元)	进度偏差Ⅱ(千元)
001	平整场地		0	0
002	夯填土		0	0.092
003	垫层		0	5.40
004	缸砖面结合		19.6	45.60
005	踢脚		0.29	0.56
	合计		19.89	65.93

图4－14 横道图进行成本偏差与进度偏差综合控制

拟完工程计划成本；已完工程计划成本；已完工程实际成本

项目编号	项目名称	施工成本偏差(千元)	进度偏差Ⅱ(千元)
001	平整场地	0	0
002	夯填土	0	0.092
003	垫层	0	5.40
004	缸砖面结合	19.6	45.60
005	踢脚	0.29	0.56
	合计	19.89	65.93

4.3.4　利用网络计划技术进行偏差分析

利用网络计划技术进行偏差分析,能够更好地进行进度与成本的综合控制,反映的信息量更多。

例 4-7　图 4-15 是某项目的钢筋混泥土工程施工网络计划。其中,工作 A、B、D 是支模工程;C、E、G 是钢筋工程;F、H、I 是浇筑混泥土工程。箭线之下是持续时间(周),箭线之上是预算费用,并列入表 4-2 中。计划工期 12 周。工程进行到第 9 周时,D 工作完成了 2 周,E 工作完成了 1 周,F 工作已经完成,H 工作尚未开始。

表 4-2　网络计划的工作时间和预算造价

工作名称	A	B	C	D	E	F	G	H	I	合计
持续时间(周)	3	3	2	3	2	1	2	1	1	18
造价(万元)	12	10	25	12	22	9	24	8	9	131

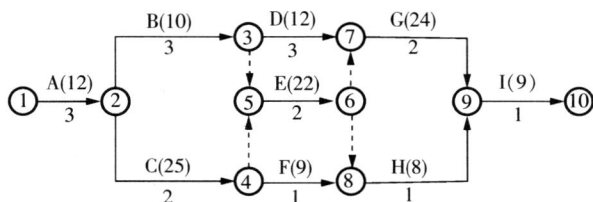

图 4-15　某项目钢筋混凝土工程施工网络计划

问题:

(1)请绘制本例的实际进度前锋线。

(2)第 9 周结束时累计完成造价多少? 按挣值法计算其进度偏差是多少?

(3)如果后续工作按计划进行,试分析上述实际进度情况对计划工期产生了什么影响?

(4)重新绘制第 9 周至完工的时标网络计划。

答:(1)绘制第 9 周的实际进度前锋线

根据第 9 周的进度检查情况,绘制的实际进度前锋线见图 4-16,现对绘制情况进行说明如下:

绘制实际进度前锋线,确定第 9 周为检查点;由于 D 工作只完成了 2 周,故在该箭线上(共 3 周)的 2/3 处(第 8 周末)打点;由于 E 工作(2 周)完成了 1 周,故在 1/2 处打点;由于 F 工作已经完成,而 H 工作尚未开始,故在 H 工作的起点打点;自上而下把检查点和打点连起来,便形成了图 4-16 的实际进度前锋线。

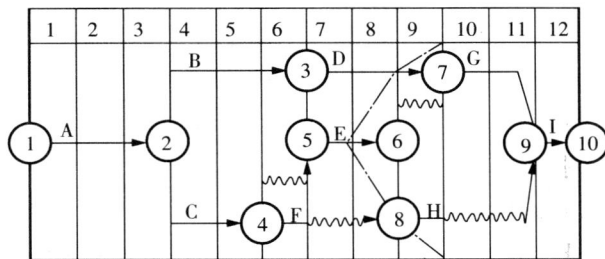

图 4-16　实际进度前锋线

（2）根据第 9 周检查结果和表 4-2 中所列数字,计算已完成工程预算造价是:

$$A+B+2/3D+1/2E+C+F=12+10+2/3×12+1/2×22+25+9=75 \quad （万元）$$

到第 9 周应完成的预算造价可从图 4-16 中分析,应完成 A、B、D、E、C、F、H,故:

$$A+B+D+E+C+F+H=12+10+12+22+25+9+8=98 \quad （万元）$$

根据据值法计算公式,进度偏差为:SV＝BCWP-BCWS＝75-98＝-23 万元,即进度延误 23(万元)。

进度绩效指数为:SPI＝BCWP/BCWS＝75/98＝0.765＝76.5％,即完成计划的 76.5％。

（3）从图 4-16 中可以看出,D、E 工作均未完成计划。D 工作延误 1 周,这 1 周是在关键路上,故将使项目工期延长 1 周。E 工作不在关键线路上,它延误了 2 周,但该工作有 1 周总时差,故也会导致工期拖延 1 周。H 工作延误 1 周,但是它有 2 周总时差,对工期没有影响。D、E 工作是平行工作,工期总的拖延时间是 1 周。

（4）重绘的第 9 周末至竣工验收的时标网络计划,见图 4-17。与计划相比,工期延误了 1 周,H 的总时差由 2 周减少到 1 周。

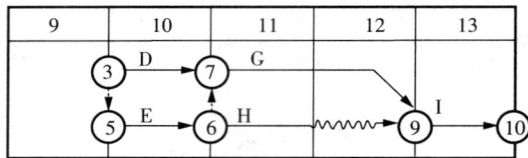

图 4-17 重新绘制后的时标网络计划

4.4 进度计划在工期索赔中的应用

4.4.1 工程索赔的基本概念

工程索赔指的是在合同的实施过程中,合同一方因对方不履行或未能正确履行合同所规定的义务或未能保证承诺的合同条件实现而遭受损失后,向对方提出的补偿要求。

工程索赔是双向的,通常将承包人向发包人提出的索赔称为施工索赔;将发包人向承包人提出的索赔称为反索赔。

根据索赔的内容不同,可将工程索赔分为工期索赔和费用索赔。

工程索赔成立必须同时具备如下几项条件:

（1）与合同相比较,已造成了实际的额外费用或工期损失;

（2）造成费用增加或工期损失的原因不是由于承包商的过失;

（3）造成的费用增加或工期损失不是应由承包商承担的风险;

（4）承包商在事件发生后的规定时间内提出了索赔的书面意向通知和索赔报告。

在工期索赔中首先要划清施工进度拖延的责任。因承包人的过失或应由承包商承担的风险事件发生造成的施工进度拖延,属于不可原谅的延期,是不能给予工期补偿的;只有因业主的过失或应由业主承担的风险事件发生造成的施工进度拖延,才是可原谅的延期,才能给予工期补偿。有时进度拖延的原因中可能包含有双方责任,此时工程师应进行详细分析,分清责任比例,只有可原谅延期部分才能给予工期补偿。可原谅延期,又可细分为可原谅并给予补偿费用的延期和可原谅但不给予补偿费用的延期。后者是指非承包人责任的影响并未导致施工成本的额外支出,大多属于发包人应承担风险责任事件的影响,如异常恶劣的气候条件影响的停工等。

在费用索赔中,可索赔的费用内容一般可以包括以下几个方面:

(1)人工费。包括增加工作内容的人工费、停工损失费和工作效率降低的损失费等累计。

(2)机械设备费。可根据不同情况采用机械设备台班费、折旧费、租赁费等几种形式计算。当由于工作内容增加而引起的设备费索赔时,设备费的标准按照机械台班费计算。因窝工引起的设备费索赔,当施工机械为承包商自有时,一般按照机械折旧费计算索赔费用。当施工机械是施工企业从外部租赁时,索赔费用的标准按照设备租赁费计算。

(3)材料费。根据实际消耗量计算,既包括净用量,也包括损耗量。

(4)保函手续费、贷款利息、保险费。这类费用随工程延期将相应增加;反之,取消部分工程且发包人与承包人达成提前竣工协议时,将相应减少。

(5)利润。当工程量发生变化时,将会引起利润索赔。

(6)管理费。此项又可分为现场管理费和公司管理费两部分,由于二者的计算方法不一样,所以应区别对待。

进度计划主要在工期索赔中有着广泛的应用,以下举例说明。

4.4.2　进度计划在工期索赔中的应用

在施工过程中发生工期延误时,首先要利用进度计划的网络图分析其关键线路,如果延误的工作为关键工作,则总延误的时间为批准顺延的工期;如果延误的工作为非关键工作,当该工作由于延误超过时差限制而成为关键工作时,可以批准延误时间与时差的差值;若该工作延误后仍为非关键工作,则不存在工期索赔问题。需要特别说明的是,在进度计划实施过程中,如果发生多项可原谅的延期事件时,其工期索赔额并不一定等于每项事件可索赔的时间之和,要注意分析多项事件对工期综合影响的结果。

例 4-8　某厂(甲方)与某建筑公司(乙方)订立了某工程项目施工合同,同时与某降水公司订立了工程降水合同。甲乙双方合同规定:采用单价合同。施工网络计划如图 4-18 所示(单位:天)。

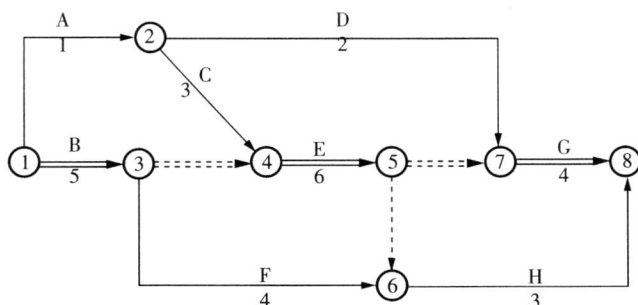

图 4-18　施工网络计划图
(箭线上方为工作名称,箭线下方为持续时间,双箭线为关键线路)

甲乙双方合同约定 8 月 15 日开工。工程施工中发生如下事件:

(1)降水方案错误,致使工作 D 推迟 2 天,乙方人员配合用工 5 个工日,窝工 6 个工日;

(2)8 月 21 日至 8 月 22 日,因供电中断停工 2 天,造成人员窝工 16 个工日;

(3)因设计变更,工作 E 工程量由招标文件中的 300m³ 增至 350m³;

(4)为保证施工质量,乙方在施工中将工作 B 原设计尺寸扩大,增加工程量 15m³;

(5)在工作 D、E 均完成后,甲方指令增加一项临时工作 K。经核准,完成该工作需要 1 天时间。

问题:

1. 上述哪些事件乙方可以提出索赔要求? 哪些事件不能提出索赔要求? 说明其原因。

2. 每项事件工期索赔各是多少? 总工期索赔多少天?

答问题 1:

事件 1 可提出索赔要求。因为降水工程由甲方另行发包,是甲方的责任。

事件 2 可提出索赔要求。因为因停水、停电造成的人员窝工是甲方的责任。

事件 3 可提出索赔要求。因为设计变更是甲方的责任。

事件 4 不应提出索赔要求。因为保证施工质量的技术措施费应由乙方承担。

事件 5 可提出索赔要求。因为甲方指令增加工作,是甲方的责任。

答问题 2:

事件 1:工作 D 总时差为 8 天,推迟 2 天,尚有总时差 6 天,不影响工期,因此可索赔工期 0 天。

事件 2:8 月 21 日至 8 月 22 日停工,工期延长,可索赔工期:2 天。

事件 3:因工作 E 为关键工作,可索赔工期:$(350-300)\text{m}^3/(300\text{m}^3/6\text{ 天})=1$ 天。

事件 5:因 E、G 均为关键工作,在该两项工作之间增加工作 K,则工作 K 也为关键工作,索赔工期:1 天。

总计索赔工期:0 天 + 2 天 + 1 天 + 1 天 = 4 天。

思考题及习题

1. 请说出施工进度控制的步骤。

2. 请说出进度比较的方法有哪些?

3. S 曲线比较法与香蕉曲线法有什么不同?

4. 请说出实际进度前峰线法进行进度比较的分析步骤

5. 请说出赢得值法评价指标和原理。

6. 进度计划调整的方法有哪些?

第5章 施 工 准 备

学习要点： 本章要求掌握施工准备的五个方面内容。熟悉技术准备、劳动组织准备、施工物资准备、施工现场准备和冬雨季施工准备的具体内容。

5.1 技 术 准 备

建筑施工是一个综合性很强的生产过程，需要有多单位、多部门、多工种的配合。一个生产环节受到影响，往往会影响到其他许多生产环节，容易造成生产的混乱。另外，建筑施工材料需要量大，材料和机械品种、规格繁多，结构形式和施工条件多种多样。施工准备是保证建设项目在生产的全过程中能顺利进行的必要条件，是施工组织中的一个重要内容。

每项工程开工之前都必须做好各项施工准备工作，以给建设工程的施工创造有利条件，保证工程质量，加快施工进度，降低工程成本。

施工准备工作不仅在工程开始前是必要的，更重要的是要贯穿在整个施工过程的全过程，根据施工顺序的先后，有计划、有步骤、分阶段地进行。

施工准备的内容很多，大致归纳为以下五个方面来进行：

(1)技术准备；

(2)劳动组织准备；

(3)施工物资准备；

(4)施工现场准备；

(5)冬雨季施工准备。

技术准备是施工准备工作的核心，是确保工程质量、工期、施工安全和降低工程成本、增加企业经济效益的关键。其主要内容如下。

5.1.1 图纸会审

建设单位应在开工之前向有关规划部门送审初步设计以及施工图。初步设计文件审批后，根据批准的年度基建工作计划组织进行施工图设计。施工图是进行施工的具体依据，图纸会审是施工前的一项重要准备工作。

图纸会审工作一般在施工单位自审的基础上，由建设单位主持，监理单位组织，设计单位，施工单位、质量监督管理部门等有关人员参加。会审时应检查图纸是否齐全，图纸本身有无错误和矛盾，设计内容与施工条件能否一致，各工种之间搭接配合有无问题等。同时应熟悉有关设计数据，结构特点及土层、地质、水文、工期要求等资料。

审查施工图纸的重点内容和要求如下：

(1)基础部分。应核对建筑、结构、设备施工图纸中有关基础预留洞的标高、位置和尺寸，地下室的排水方向，变形缝及人防出口的做法以及防水体系的做法要求和特殊基础形式做法等。

(2)主体部分。弄清建筑物墙体轴线的布置，主体结构各层的砖、砂浆、混凝土构件的强度等级有无变化，梁柱的配筋与节点做法，阳台、雨篷、挑檐等悬挑结构的锚固要求及细部做法，楼梯间的构造,卫生间的构造,设备图与土建图上洞口尺寸、位置关系是否一致,对标准图有无特别说明和规定等。

（3）屋面及装修部分。主要掌握屋面防水节点做法,内外墙和地面等所用装饰材料及做法,核对结构施工时为装修施工设置的预埋件、预留洞的位置、尺寸和数量是否正确,以及防火、保温、隔热、防尘、高级装修等的类型和技术是否符合规范要求。

在熟悉图纸时,对发现的问题应在图纸的相应位置做出标记,并做好记录,以便在图纸会审时提出意见,协商解决。

5.1.2 搜集原始资料,进行调查分析

为了做好施工准备工作,除了要掌握有关施工项目的书面资料外,还应该进行施工项目的实地勘测与调查,搜集当地的自然条件资料和技术经验资料;深入实地摸清施工现场情况。获得有关数据的第一手资料,这对拟定一个先进合理、切合实际的施工组织设计是非常必要的,因此应该做好以下两方面的调查分析:

1. 自然条件的调查分析

（1）地形资料

对地形资料的调查,可以获得建设地区和建设地点的地形情况,以便正确选择施工机械、材料运输和布置施工片面图等。此外,在确定基础工程、道路和管道工程时,地形资料也是主要依据之一。

地形资料包括建设地区、建设地点以及相邻地区的地形平面图。调查范围应是与建设工程有直接或间接联系的区域。在地形图上应尽量表明:各种交通干线、上下水道以及附近的供水供电等设施的位置;建筑材料的供应地点,必要时还应标明地形等高线仪器具有代表性的各点标高;施工现场或建设区域内现有的全部建筑物和构筑物的占地轮廓和坐标,以及绿化地带、附近的居民区等,以便考虑减少施工对周围环境的影响。

（2）工程地质资料

调查工程地质资料其目的在于确认建设地区的地质构造、地表人为破坏情况和土壤的特征、承载力等。其主要内容有:

① 建设地区钻孔布置图、工程地质剖面图、土层特征及其厚度。

② 土壤的物理特性,如天然含水率、天然孔隙比等;

③ 土壤承载能力的报告文件。

根据以上这些资料可拟定特殊地基的施工方法和技术措施,复核设计规定的地基基础与当地地质情况是否相符,并决定土方开挖深度和基坑护壁措施等。

（3）水文地质资料

水文地质资料的调查包括地下水和地面水两部分。调查地下水的目的在于,确认建设地区的地下水在不同时期内的变化规律,并将其作为地下工程施工时的主要依据。调查的主要内容有:

① 地下水位的高度以及在不同时期内的变化规律;

② 地下水的流向、流速和流量、水质情况;

③ 地下水对建筑物下部或附近土壤的冲刷情况等。

调查地面水的目的在于了解建设地区河流、湖泊的水文情况,用于确定对建设地点可能产生的影响并决定所采取的措施。当施工用水是依靠地面（或地下）水做水源时,还必须参照上述这些资料来确定提水、储水、净水和送水设备。

（4）气象资料

调查建设地区气象资料的目的在于，了解建设地区的气象条件对建筑施工可能产生的影响，以便采取相应的技术措施。其主要内容有：

① 气温资料。当地各个时期的最高、最低和平均气温，用以制定冬期、暑期的施工技术措施。

② 雨雪量资料。包括年平均降雨、降雪量，每月平均的和最大的降雪量、降雨量以及降雨集中的月份，用以确定雨雪期施工措施，预先拟定临时排水设施，以及将有些项目避开雨雪季施工。

③ 风速、风向资料。分析常年各时期的风向、风速、风力和每个方向刮风次数等，用以确定临时设施的位置以及高大起重机械的稳定措施等。

2. 技术经济条件的调查分析

调查技术经济条件资料的目的在于，查明建设地区的地方工业产品、地方自然资源、交通运输等地方区域性经济因素，以进行合理的施工部署和确定施工期间可利用的因素。其主要内容有：

（1）地方建材工业资料

地方建材工业的情况可向当地计划管理机关、城市建设专管部门或建筑企业领导机关获得。该部分应了解：

① 当地建筑材料、产品的生产和供应能力能否满足今后建筑生产的需要，如不能满足，可采取哪些方法、哪些途径来解决。

② 当地建筑材料和构配件的生产企业以技能为建筑企业生产服务的其他工矿企业；

③ 当地的建筑生产力量、技术水平等能否为本工程的建设提供服务。

（2）地方资源情况

地方资源情况的调查因施工对象而异。对建筑施工的土建部分，其主要对象是直接可供建筑生产作用的原材料。包括：

① 地方黏性材料，如石灰、石膏、黏土等在质量和数量上能否满足施工要求；

② 地方砂石材料，如石子、砂子、碎石、卵石等制备混凝土、砂浆之用的材料；

③ 工业废料及其副产品，如冶金部门排出的矿渣、热电厂排除的粉煤灰等，在建筑施工中都有很大的用途，应充分予以利用。

（3）供水、供电、交通运输情况

在技术经济条件调查中，对供电、供水、邮电通讯情况都应有详细的了解，以确保今后工程施工的顺利进行。

在供电方面应了解当地电网对本工程可提供的供电能力、电源地点和使用情况，如在现有的建设单位内施工，则应了解原电网线路的分布和使用情况。

在供水方面应了解建设地点已有的供水管网、水源的位置，当地的用水情况，供水能力以及消防供水系统等。

在交通运输方面应详细了解建设地区的铁路、公路、水路的分布和运输条件、文化设施运输力量以及运输费用情况，同时需了解建设地区可供施工利用的通讯设施（电话、传真等），以及为建筑施工服务的生活文化设施。

（4）现场实地勘测的资料

了解施工现场的实际情况、房屋拆除情况、临近建筑物的情况、场地平整时的工作量，以及当地生活条件、生活水平以及建筑垃圾处理的地点等。

5.1.3　编制施工预算

在施工准备阶段应编制施工预算,以便在工程实施过程中进行限额领料制度和成本控制。

施工预算与施工图预算不同。

施工预算应根据会审过的全套施工详图、施工组织设计和施工方案,在施工图预算的基础上进行编制。

施工预算用于施工企业内部核算,主要计算工料用量和直接费;而施工图预算却要确定整个单位工程造价。施工预算必须在施工图预算价值的控制下进行编制。施工预算的编制依据是施工定额,施工图预算使用的是预算定额,两种定额的项目划分不同。即使是同一定额项目,在两种定额中各自的工、料、机械台班耗用数量都有一定的差别。

编制合理的施工预算对于施工实施过程中的成本控制有着重要的作用。

5.1.4　编制标后施工组织设计

标后施工组织设计是施工准备工作的重要组成部分,也是指导施工现场全部生产活动的技术经济文件规范。

施工组织设计编制完成后,要报建设单位或监理单位审批。经批准后,承包单位必须按施工组织设计中承诺的内容施工,并作为施工索赔的主要依据之一。它是施工技术与施工项目管理有机结合的产物,它是工程开工后施工活动能有序、高效、科学、合理地进行的保证。

5.2　劳动组织准备

5.2.1　健全、充实、调整施工组织机构

根据工程规模、结构特点和复杂程度,确定工程项目的组织机构。项目的组织结构包括项目经理、技术负责人、施工员、质检员、安全员、材料员、造价员、测量员等。项目经理是施工项目部的负责人,对现场的质量和安全负责。

5.2.2　建立、调配、安排施工队伍

针对工程规模的大小、技术以及结构的复杂程度等组织和建立施工队伍。施工队伍的建立要考虑专业,工种的配合,要符合流水施工组织方式的要求,坚持合理、精干的原则,并根据施工进度计划制定劳动力需求量计划。

按照施工进度计划的要求合理调配、安排施工队伍,对进场施工队伍要进行安全、防火、文明施工等方面的教育,安排好工人的生活。

5.2.3　进行施工组织设计、计划、技术和安全交底

施工组织设计、计划、技术交底的目的是把施工项目的设计内容、施工计划和施工技术等要求,详尽地向施工队组和工人讲解交代,这是落实计划和技术责任制的好办法。

施工组织设计、计划和技术交底的内容有:项目的施工进度计划、月(旬)作业计划;施工组织设计,尤其是施工工艺、质量标准、安全技术措施、减低成本措施和施工验收规范的要求;新结构、新材料、新技术和新工艺的施工方案和保证措施;图纸会审中所确定的有关部委的设计变更和技

术核定等事项。交底工作应该按照管理系统逐级进行,由上而下直到工人队组。交底的方式有书面形式、口头形式和现场示范形式等。

安全交底的主要内容有:(1)施工项目的作业特点和危险点;(2)针对危险点的具体预防措施;(3)应注意的安全事项;(4)相应的安全操作规程和标准;(5)发生事故后应及时采取的避难和急救措施。

5.2.4　建立健全各项管理制度

工地的各项管理制度是否建立、健全,直接影响其各项施工活动的顺利进行。有章不循其后果是严重的,而无章可循更是危险的。为此必须建立、健全工地的各项管理制度。通常内容如下:

工程质量检查与验收制度;工程技术档案管理制度;建筑材料(构件、配件、制品)的检查验收制度;技术责任制度;施工图纸学习与会审制度;技术交底制度;职工考勤、考核制度;工地及班组经济核算制度;材料出入库制度;安全操作制度;机具使用保养制度。

5.3　施工物资准备

5.3.1　编制物资需求量计划

根据施工定额、施工方案和施工进度计划的安排,编制建筑材料、施工机械和机具的需求量计划。

5.3.2　物资准备工作内容

组织货源签订合同;确定运输方案和计划;确定物资存储保管计划;对国家调拨材料和统配物资应及早办理计划指标的申请,对地方材料要落实货源办理订购手续,对特殊材料要组织人员提早采购。

做好施工机械和机具准备、机具定位计划;对已有的机械机具做好维修、试车工作;对尚缺的机械机具要立即订购、租赁或制作。

对钢筋混凝土预制构件、钢构件、铁件、门窗等做好加工委托或生产安排。

模板和脚手架是施工现场使用量大、堆放占地多的周转材料。首先要根据施工方案确定模板的种类,其次要根据工程量确定模板需要量,然后再组织模板的采购、调拨或者租赁。

按照拟建工程生产工艺流程以及工艺设备的布置图,列出工艺设备的名称、型号、生产能力和需要量;按照设备安装计划编制工艺设备需要量进度计划,为组织运输、存放和组装等提供依据。

以上物资准备工作必须与施工方案和施工进度计划密切配合,以免物资延误进场或进场无场地堆放而影响工期。

5.4　施工现场准备

5.4.1　建立测量控制网点

按照建筑总平面图要求布置测量点,设置永久性的经纬坐标桩及水准基桩,组成测量控制网。

5.4.2 现场"三通一平"工作

"三通一平"指的是(路通、电通、水通、平整场地)。修通场区主要运输干道,接通上地用电线路,布置生产、生活供水管网和现场排水系统,按总平面确定的标高组织土方工程的挖填、找平工作等。也有某些工程要求"七通一平"。"七通一平"指的是道路、给水、排水、电力、通讯、燃气、热力和场地平整的工作简称。施工现场具体需要接通哪些管线,应根据工程的实际情况未确定。

5.4.3 修建临时设施

根据施工平面图的布置原则,修建现场各种临时设施,包括各种附属加工场、仓库、食堂、宿舍、厕所、办公室以及公用设施等。

5.4.4 材料、机具进场就位工作

做好材料的进场检验工作,根据施工总平面图规定的地点和方式进行存储和堆放。施工机具和机械做好安置、就位、组装、保养调试等工作,并在工程开工前进行检查和试运转。

5.5 冬雨季施工准备

一般工程的施工多跨越冬季或雨季阶段,因此在冬雨季到来之前,应做好以下主要准备工作:

(1)做好施工项目的进度安排

在安排施工进度计划时,要将土方工程、混凝土预制工程、砖砌体工程、室外粉刷工程、屋面防水工程和施工道路工程等尽可能安排在晴暖季节完成。面对那些可用蓄热法养护的混凝土工程、吊装工程、打桩工程、室内粉刷装修工程等,可根据情况安排在冬、雨季节进行。

(2)做好给排水的防冻防雨准备

所有的排水管线,能埋地面以下的,都应埋深到冰冻线以下土层中;外露的排水管道,应用草绳或其他保温材料包扎起来,免遭冻裂。沟渠应做好清理和整修,保证流水畅通。

(3)做好施工道路的修整与加固

在冬雨季到来之前,应对所有施工用道路全面进行检查,路面不结实或坑凹不平的要进行修整加固(如加铺碎石、炉渣等),加大路面坡度和清理路边排水沟,保证不积雪、不积水。

(4)做好防雨保温材料的准备

如防雨油布、保温稻草、麻袋草绳和劳动防寒用品等。

(5)做好施工用料的储备工作

冬、雨季到来之前应加大现场材料的储备量,以防道路受阻、采运不及时而影响施工。

以上准备工作就绪后,填写开工申请报告,经有关部门批准后即可开工。

思考题及习题

1. 施工准备的具体内容有哪些?
2. 施工图审查的重点是什么?
3. 什么是施工预算?
4. 施工组织设计、计划和技术交底的内容有哪些?
5. 安全交底的内容有哪些?
6. 如何做好冬雨季施工准备工作?

第6章 单位工程施工组织设计

学习要点:本章主要内容为单位工程施工组织设计的内容、步骤。同学们重点掌握施工方案的编制、工程量的计算以及施工进度计划的编制。

6.1 单位工程施工组织设计概述

单位工程施工组织设计(Construction organization plan for unit project)是以单位工程为对象编制的,用以指导施工的施工准备工作开始到交付使用为止的技术、经济和管理的综合性文件。通过它可使整个拟建工程在开工前就对劳动力、材料、构件、机械设备等的需要量、需要时间及采用的施工顺序和施工方法等,全面周密地加以研究确定。同时对所需材料、构件等的放置地点、施工道路、给排水设施及行政管理与生活福利临时设施的位置也都进行合理的规划与布置。

6.1.1 单位工程施工组织设计的编制依据

单位工程施工组织设计的编制依据主要有:单位工程全部施工图纸及其标准图;单位工程地质勘察报告、地形图和工程测量控制网;单位工程预算文件和资料;建设项目施工组织总设计对本工程的工期、质量和成本控制的目标要求;承包单位年度施工计划对本工程开竣工的时间要求;有关国家方针、政策、规范、规程和工程预算定额;类似工程施工经验和技术新成果等。

6.1.2 单位工程施工组织设计的编制程序和基本内容

单位工程施工组织设计的编制程序和基本内容如图 6-1。由于单位工程施工组织设计是基层施工单位控制和指导施工的文件,必须切合实际。在编制前应会同各有关部门和人员,共同讨论和研究其主要的技术措施和组织措施。

6.2 基 本 概 况

工程概况的编写必须在充分熟悉设计资料的基础上进行,其主要内容有工程概况、建筑设计特点、结构设计特点、建设地点特征、施工条件。

6.2.1 工程概况

说明工程名称、性质、用途、投资额、工期要求、施工单位和设计单位的名称等等。

6.2.2 建筑设计特点

说明拟建工程建筑面积、平面组合、平面尺寸、层数、层高、总高度、总宽度、总长度、平面形状;装饰工程的构造及做法;楼地面材料的构造及做法;屋面保温、隔热以及防水材料的做法;消防、排水和空调、环保等各方面的技术要求等等。

```
┌─────────────────────────────────┐
│      熟悉、审查施工工图,调查研究        │
└─────────────────────────────────┘
                 │
┌─────────────────────────────────┐
│          分层分段计算工程量           │
└─────────────────────────────────┘
                 │
┌─────────────────────────────────┐
│    确定施工方案、施工方法、技术经济比较    │
└─────────────────────────────────┘
                 │
┌─────────────────────────────────┐
│    编制施工进度计划(可应用网络计划)     │
└─────────────────────────────────┘
                 │
┌──────────────┐ ┌──────────────┐ ┌──────────────┐
│ 编制施工机具、设备 │ │ 编制材料、构件、  │ │   编制劳动力   │
│   需要量计划    │ │ 半成品需要量计划  │ │   需要量计划   │
└──────────────┘ └──────────────┘ └──────────────┘
                 │
┌─────────────────────────────────┐
│        确定临时生产、活动设施          │
└─────────────────────────────────┘
                 │
┌─────────────────────────────────┐
│      确定临时供水、供电、供热管线       │
└─────────────────────────────────┘
                 │
┌─────────────────────────────────┐
│         编制施工准备工作计划          │
└─────────────────────────────────┘
                 │
┌─────────────────────────────────┐
│           绘制施工平面图            │
└─────────────────────────────────┘
                 │
┌─────────────────────────────────┐
│           计算技术经济指标           │
└─────────────────────────────────┘
                 │
┌─────────────────────────────────┐
│           制订技术安全措施           │
└─────────────────────────────────┘
                 │
            ┌────────┐
            │   审核   │
            └────────┘
```

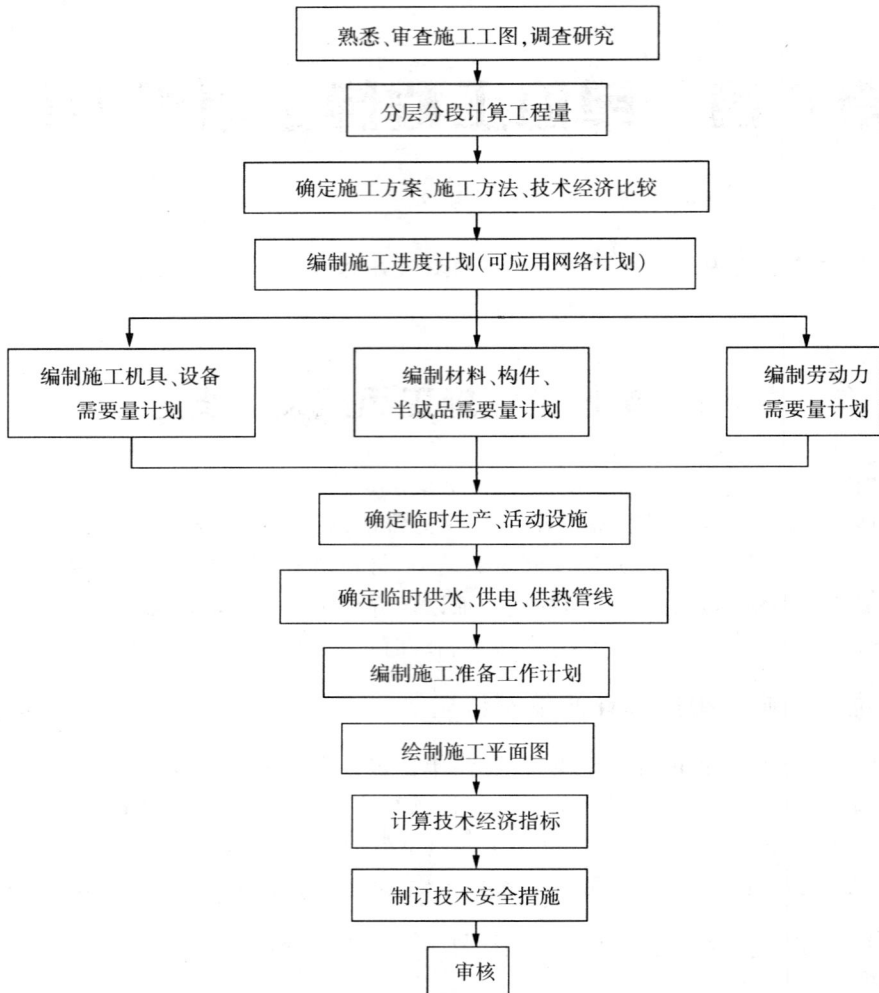

图 6-1 单位工程施工组织设计编制工序及基本内容

6.2.3 结构设计特点

简述基础的类型、形式、埋置深度;主体结构的类型、主要构件的材料以及结构类型。其中,对采用新材料、新工艺、新技术的工作内容和施工的具体要求,应该重点说明。

6.2.4 建设地点特征

简述拟建工程的位置、地形、工程地质与水文地质条件,风向、风力、温度及降雨和霜冻情况。

6.2.5 施工条件

针对现场具体情况加以说明。包括现场"三通一平"(水通、路通、电通平)、"五通一平"、"七通一平"、临时设施、周围环境等情况;当地地产资源、材料供应和各种预制构件加工供应条件;施工单位机械、机具供应;运输条件和运输能力;劳动力特别是主要工程项目的技术工种、数量、技术水平等;企业管理条件和内部组织形式;现场临时设施的设置等。

同学们在编写工程概况时,要特别注意单位工程的施工特点和施工中可能会遇到的关键问题,以便在选择施工方案、编制进度计划和平面施工图时采取有效措施。

6.3　施　工　方　案

选择合理的施工方案是单位工程施工组织设计的核心,方案的内容包括确定施工流向,施工顺序,主要分部、分项工程的施工方法,施工机械及各项劳动资源的组织安排等。因此,在选择时,要明确工程的特点和任务并充分研究施工条件,从而正确进行技术经济比较,保证整个项目的实施。

6.3.1　基本要求

选择施工方案的基本要求是:切实可行;施工期限满足合同要求;确保工程质量和施工安全;施工费用最低。

6.3.2　主要内容

施工方案的选择内容主要包括:施工起点流向的确定,施工段的划分;施工程序的确定;施工顺序的确定;施工方法和施工机械的选择;相应的安全和技术措施。

6.3.2.1　施工流向的确定

施工流向是指施工活动在平面或空间的展开与进程,对单层建筑要定出分段施工在平面上的流向;对多层建筑在竖向方面定出分层施工的流向。确定时应注意以下几点:

① 生产工艺流程及投产的先后顺序,先生产或使用的部位先施工;
② 工程项目的繁简程度:技术复杂、进度慢、工期长的部位先施工;
③ 建筑物有高低层、高低跨并列时,应先从并列处开始施工;
④ 施工方法、技术要求和组织设计上要求先施工的部位先施工;
⑤ 根据工程现场条件、周边环境,先远后近开展施工;
⑥ 适应施工组织的分区分段。

单位工程施工中,各分部工程的施工程序应遵循的原则:先地下,后地上;先主体,后围护;先结构,后装饰。但也可以根据不同分部分项工程的施工特点来确定施工流向,例如,对于外墙装饰可以采用自上而下的流向,对于内墙装饰则可以采用自上而下、自下而上或自中而下再自上而中的三种施工程序。

6.3.2.2　施工段的划分

划分施工段是将单栋建筑物(或建筑群)划分成多个部分,目的是为了组织流水施工,以充分利用工作面,避免窝工,缩短工期。

施工段的划分应遵循以下原则:施工段界限尽可能划分在建筑、结构缝处,以利结构的整体性;各施工段工程量大致相等,量差≤15%;施工段数应合理,与施工过程数相协调,既不造成窝工现象,又不使工作面闲置;施工段的大小要满足每个工人最小工作面的需要,一般 $250\sim280\mathrm{m}^2$ 为一施工段;对于多层建筑物、构筑物除划分施工段外,一般还要划分施工层。

6.3.2.3　施工顺序的确定

施工顺序是指分部工程中的分项工程或工序之间施工的先后顺序。施工顺序合理与否,将直接影响各分部分项工程间的配合、工程质量、工程成本和施工安全。其中,有一些分项工程或工序的先后顺序由于工艺的要求一般固定不变;另外有一些分项工程或工序,其施工的先后并不受工艺的限制,而有很大的灵活性。对于后一类可先可后的分项工程或工序,在安排顺序时,应遵循以下原则:与选择的施工方法和采用的施工机械协调一致;必须考虑施工组织要求,进行技术经济比较;必须考虑施工质量的要求,便于成品保护;必须考虑工期的要求。

1. 砖混结构的施工顺序

砖混结构包括地下工程、主体结构工程、屋面工程、装饰工程和建筑设备安装工程五个分部工程。其施工的一般顺序:

施工现场"三通一平"——测量放线——基槽(坑)开挖——验槽及钎探——基础工程施工——基础工程验收——土方回填——主体工程(砌筑与构件安装)——主体结构工程验收——屋面、装饰、门窗、楼地面工程——水电设备安装——室外工程——竣工验收。

其中,水电设备安装工程从基础工程开始,就应与土建工程配合穿插进行。

(1)基础工程的施工顺序

其施工顺序一般为:先挖土,然后做垫层、砌筑大放脚和铺设防潮层,最后回填土。在安排搭接施工时,要考虑做垫层在技术上的间歇时间,使之具有一定的强度,否则不能承受砖基础和墙身的重量。

(2)主体工程施工顺序

主体工程的一般施工顺序为:基础顶面抄平、放线,立皮数杆→立门框(若为后塞则无此工作)→砌筑第一施工层砖墙,同时安装楼梯构件→墙面上弹水平线(地面上50cm水平线)→立窗框(若为后塞则无此工作)→搭脚手架→砌筑第二施工层砖墙,包括楼梯构件与门窗过梁安装→墙面弹线→浇筑构造柱及圈梁→拆除里脚手架→安装楼板→预制楼板灌缝,楼面抄平放线→重复上述工作→安装屋面板及灌缝→砌筑女儿墙等。

(3)装修工程的施工顺序

装修工程的施工,主要包括抹灰、勾缝、门窗扇安装、门窗玻璃安装和油漆、喷浆等分项工程。其中,抹灰是主导工程,它包括内部抹灰和外部抹灰。内部抹灰又包括天棚、墙面和地面抹灰。

室外装修既可先自上而下进行里层施工,再自上而下进行表层施工;也可逐层进行里层与表层施工。在装修的同时安装落水管并油漆。当每层所有工序都完成后,拆掉脚手架,最后完成勒脚、台阶和散水。

通常情况下,室内装修与室外装修相互间干扰不大,先室内、后室外,或先室外、后室内,或两者同时进行,应视施工条件而定。但要特别注意气候条件,室外装修要避开雨季和冬季。当室内有水磨石地面时,为了避免从墙面渗水对外墙抹灰的影响,应先做水磨石地面。当采用单排脚手架砌墙时,由于墙面留有脚手眼,最好先做外墙抹灰,拆除脚手架,同时填补脚手眼,然后再进行内墙抹灰。

室内抹灰在同一层的顺序一般为:地面和踢脚线→天棚→墙面。这样清理简便,地面质量易于保证,且便于收集墙面和天棚抹灰时的落地灰,节省材料。但由于地面需要有技术间歇(养护),墙面和天棚抹灰时间推后,影响后续工作,从而导致工期拉长。有时也可按天棚→墙面→地面的顺序进行施工,此时在做地面之前必须将楼面上的落地灰和渣子扫清洗净,否则会影响地面层同楼板之间的粘结,引起地面起壳。底层地面一般是在各层墙面、楼地面做好以后再进行施工。楼梯间和踏步,由于在施工期间容易受到损坏,通常在整个抹灰工程完成以后,自上而下统一施工。

基于以上考虑,内装修的施工顺序一般为:砌隔墙→安木门窗框(或钢窗框扇)→楼面抹灰(含踢脚线)→天棚抹灰→墙面抹灰→安木门窗扇→木装修→楼梯间及踏步抹灰→地面抹灰→油漆→喷浆(底层需干燥)→试灯、试水→检查并修理。

(4)屋面工程的施工顺序

屋面防水工程的施工顺序为:铺保温层→抹找平层→刷冷底子油→铺卷材。但在此之前必须要做好屋面上的水箱房、烟囱、排气孔、天窗等及其屋面泛水。在铺卷材之前,应使找平层干燥。

屋面工程应在主体结构完成后开始,并尽快完成,为顺利进行室内装修创造条件。在一般情况下,屋面工程可以和装修工程平行施工。

(5)水、暖、电、卫等工程的施工顺序

水、暖、电、卫等工程不同于土建工程,可以分成几个有明显区别的施工阶段。但是,它可与土建工程中有关分部分项工程交叉施工,紧密配合。

① 在基础工程施工时,应先将相应的上下水管沟和暖气管沟的垫层、管沟墙做好,然后再回填土。

② 在主体结构施工时,应在砌砖墙或现浇钢筋混凝土楼板的同时,预留上下水管和暖气立管的孔洞、电线孔槽,或预埋木砖和其他预埋件。但抗震房屋例外,可按有关规范规定处理。

③ 在装修工程施工前,应安设相应的各种管道和电气照明用的附墙暗线、接线盒等。水暖电卫安装最好在楼地面和墙面抹灰之前或之后穿插施工,若电线采用明线,则应在室内粉刷以后进行。

室外上下水道等工程的施工可以安排在土建工程施工之前或与土建工程同时进行。

2. 框架结构施工顺序

对于多层钢筋混凝土框架结构房屋的施工,一般划分为基础工程、主体工程、屋面及装饰工程三个施工阶段。

(1)基础工程施工

基础工程一般以房屋底层的室内地坪(即标高为±0.00 为界,以上为主体工程,以下为基础工程。

框架结构的基础有浅基础和深基础。

浅基础包括现浇钢筋混凝土独立基础、条形基础和片筏基础。其施工顺序为:挖地槽→混凝土垫层→放线后扎钢筋→支基础模板→浇基础混凝土→回填土等。

如有桩基础,则应在挖地槽前进行桩基础工程施工。如有地下室工程施工则应包括地下室结构、防水等施工过程。

(2)主体工程施工

框架结构施工层一般是按结构层次来划分的,而每一施工层如何划分施工段,则要考虑工序数量、技术要求和结构特点。钢筋混凝土工程有多个工种,主要工程模板、钢筋、浇筑混凝土在现场按顺序进行施工,混凝土养护是必要的技术间歇。当木工在第一施工层中的第一施工段立完模板以后,就逐段向前进行,而后续工种如绑扎钢筋、浇筑混凝土、混凝土养护就依次进行。当木工在第一施工层全部立完模板,理想的情况,应该是恰好第一施工层第一施工段混凝土养护达到允许工人在上面操作的强度(1.2MPa),此时木工就可以进行第二施工层的第一施工段工作。

此外,划分施工段时还要考虑施工段的界限最好与框架的伸缩缝、沉降缝、单元界限等相吻合,这样可减少施工缝的数量。各段中工程量的大小不要相差太多,以减少每段中所需劳动力的变化。每段中各种构件的数量尽可能接近,以利于模板的周转。

多层框架结构房屋主体工程的主导施工过程:测量放线→绑扎柱钢筋→支梁板、柱模板→浇柱混凝土→绑扎梁板钢筋→浇梁板混凝土→混凝土养护,还有搭设脚手架、砌框架间墙、安门窗框等施工过程。

当主体结构工程量不大、柱高小于 3m 时,可以把柱、梁板混凝土合并为一道工序同时浇筑。施工顺序为:绑扎柱钢筋→支梁板、柱模板→绑扎梁板钢筋→浇柱、梁板混凝土。

主体工程施工时,应尽量组织流水施工,可将每栋房屋划分 2~3 个施工段,使主导工程施工能连续进行。

(3)装饰工程施工

主体工程施工完成以后,首先进行屋面防水工程的施工,以保证装饰工程的顺利进行。装饰工程主要为室内装饰、室外装饰、门窗、油漆及玻璃等。

室内、外装饰的施工顺序一般为先室外、后室内。这主要是因为室外装饰受到天气影响较大,天气好,先进行室外装饰;天气不好,可转入室内施工,以保证施工工期。另外,先进行室外装饰的同时,拆除脚手架,及时堵好墙上的脚手孔,也可以保证室内装饰的质量,加快脚手架的周转使用。当然,在某些情况下,也可能室内装饰首先施工,例如高层建筑施工时,室内粗装修可以与主体工程间隔 1~2 层同时施工。所以,哪个先施工或同时施工,应根据具体的施工条件确定。

室外装饰的施工顺序一般为自上而下施工,同时拆除脚手架。

本阶段的主导工程是抹灰工程。

室内抹灰的施工顺序从整体上通常采用自上而下、自下而上、自中而下再自上而中三种施工方案。

A. 自上而下的施工顺序

该顺序通常在主体工程封顶后做好屋面防水层,由顶层开始逐层向下施工。

优点:主体结构完成后,建筑物已有一定的沉降时间,且屋面防水已做好,可防止雨水渗漏,保证室内抹灰的施工质量。此外,采用自上而下的施工顺序,交叉工序少,工序之间相互影响小,便于组织施工和管理,保证施工安全。

缺点:不能与主体工程搭接施工,因而工期较长。该施工顺序常用于多层建筑的施工。

B. 自下而上的施工顺序

缺点:交叉工序多,不利于组织施工和管理,也不利于安全施工。另外,上面主体结构施工用水,容易渗漏到下面的抹灰,不利于室内抹灰的质量。

C. 自中而下再自上而中的施工顺序

该顺序是结合了上述两种施工顺序的优缺点。一般在主体结构进行到一半时,主体结构继续向上施工,而室内抹灰则向下施工,这样,使得抹灰工程距离主体结构施工的工作面越来越远,相互之间的影响也减小。该施工顺序常用于层数较多的工程施工。

室内同一层的天棚、墙面、地面的抹灰施工顺序通常有两种:

地面——天棚——墙面。这种施工顺序的优点是室内清理简便,有利于保证地面施工质量,且有利于收集天棚、墙面的落地灰,节省材料,但地面施工完成以后,需要一定的养护时间,才能再施工天棚、墙面,因而工期较长;另外,还需注意地面的保护。

天棚——墙面——地面。这种施工顺序的优点是工期短,但施工时,如不注意清理落地灰,会影响地面抹灰与基层的黏结,造成地面起拱。

楼梯和过道是施工时运输材料的主要通道,它们通常在室内抹灰完成以后,再自上而下施工,室内抹灰全部完成以后,进行门窗扇的安装,然后进行油漆工程,最后安装门窗玻璃。

3. 装配式钢筋混凝土单层工业厂房施工顺序

装配式钢筋混凝土单层工业厂房的施工可以分为地下工程、预制工程、结构安装工程及其他（包括围护、屋面、装饰、水暖电卫和通风等）工程施工阶段，采用"先地下，后地上""先结构，后装修"；"先主体，后围护"和"先深后浅"的原则来安排施工顺序。

（1）地下工程施工顺序

单层工业厂房不但有厂房基础，还有设备基础。其施工顺序为：槽坑挖土→做垫层→安模板→绑轧钢筋→浇筑混凝土→养护→拆模→回填土等分项工程。

厂房基础和设备基础的施工顺序按厂房性质和基础埋深的不同可分为两种：一是"封闭式"施工方案，厂房基础和上部结构先施工；然后主体结构完成后才开始设备基础施工。二是"敞开式"施工方案，厂房基础和设备基础同时施工；然后主体结构施工。两种施工方案各有优缺点。

封闭式施工方案的优点是：工艺设备和管道安装在主体工程完工后进行，不占用主体施工期间的工作面，有利于构件预制、拼装和就位吊装，起重机械和开行路线可采用多种方案，从而能够加快土建施工进度；设备基础可以在室内作业，不受气候影响；设备基础施工可以利用厂房内桥式吊车。

封闭式施工方案的缺点是：出现某些重复工作，如部分柱基回填土的重复挖填和运输道路的重新铺设等；设备基础局限在厂房内施工，场地拥挤，且基坑不宜采用机械挖掘。有时为维护柱基稳定还需要采取加固措施；不能为设备安装提供有力条件，工期较长。

敞开式方案的优缺点和封闭式的相反。

一般来说，当厂房的基础埋深大于设备基础埋深时，应采用封闭式方案。反之，采用敞开式方案。设备基础挖土范围与厂方基坑（槽）连成一片时或土质较差时，也应采用敞开式方案。

（2）预制工程的施工顺序

随着起重、运输设备的大型化，一般构件都应在工厂预制。对于重量较大、运输困难的大型构件，如钢筋混凝十屋架、柱、吊车梁等，可以在现场就地预制。

现场预制钢筋混凝土构件的施工顺序是：场地平整夯实→制作底模→绑扎钢筋→安配件→支侧模→浇筑混凝土→养护→拆模。如为预应力构件还应增加预应力筋张拉、锚固灌浆等

预制构件制作是在基础全部或部分回填．场地平整夯实后方可开始。

（3）结构安装工程的施工顺序

结构安装工程是装配式单层工业厂房的主导分部工程。吊装的主要构件及顺序是：柱→吊车梁→连系梁→托架→屋架→天窗架→屋面板等。

吊装前的准备工作包括：构件强度检查、杯底抄平、杯口及构件弹标志线，吊装验算和加固，起重机械准备等。吊装流向应与吊装方法、构件预制的流向一致。如果厂房为多跨、且有高低跨时，安装应从高低跨柱列开始。

吊装顺序取决于安装方法。若采用分件法吊装时，其吊装顺序是：第一次吊装柱并校正、固定，当接头混凝土强度达 70% 后，第二次吊装吊车梁、托架与连系梁；第三次吊装屋盖构件。若采用综合吊装时其吊装顺序是：先吊装一个节间的柱子并迅速校正和固定，再安装吊车梁及屋盖构件。依此逐个节间进行，直至整个厂房吊装完毕。

抗风柱可在吊装柱的同时先安该跨一端，另一端在屋盖安装后进行；或两端均在屋盖安装完后进行。

（4）其他工程施工顺序

其他工程包括围护工程，屋面工程，装饰工程，水暖电卫通风等工程。

单层工业厂房可在结构吊装工程部分或全部完毕后采用平行流水、立体交叉作业,组织各项工程全面展开施工。

6.3.2.4 施工方法和施工机械的选择

施工方法是单位工程施工方案的关键。施工机械的选择必须满足施工方法的需要,施工组织也只能在施工方法的基础上进行。

选择施工方法时应考虑的因素主要有:该种施工方法是否有实现的可能性;该种施工方法对其他工程施工的影响;最后对多种可行性方案进行经济比较,努力降低施工成本。

选择施工机械时还应注意以下几点:所选施工机械必须满足施工需要,但不要大机小用,应考虑设备的经济性;选择施工机械时,要考虑各种机械的相互配套,即以选择主导机械为主,辅助机械或以配套运输机械;选择机械时,必须从全局出发,不仅要考虑某分部、分项工程施工中使用,也要考虑其他分部、分项工程是否也有可能加以利用;同一施工现场,应尽可能的一机多用。

6.4 工程量的计算

工程量的计算应根据施工图和工程量的计算规则,针对所划分的每一个工作项目进行。当编制施工进度计划时已有预算文件,且工作项目的划分与施工进度计划一致时,可以直接套用施工预算的工程量,不必重新计算。

6.4.1 计算工程量时应注意的问题

计算工程量时应注意的问题有很多,主要有如下几点:(1)工程量的计算单位应与现行定额手册或清单规范中所规定的计量单位相一致,以便计算劳动力、材料和机械数量时直接套用定额和规范而不必进行换算;(2)要结合具体的施工方法和安全技术要求计算工程量。例如计算柱基土方工程量时,应根据所采用的施工方法(单独基坑开挖、基槽开挖还是大开挖)和边坡稳定要求(放边坡还是加支撑)进行计算;(3)应结合施工组织的要求,按已划分的施工段分层分段进行计算;(4)按照分部分项工程来计算工程量时,应使分部分项工程的划分有利于编制施工进度计划;(5)设备、水电卫安装项目一般可不计算工程量,它们是从土方工程开始,穿插在其他项目内进行,装修完成后结束。

6.4.2 计算劳动量或机械台班量

计算劳动量和机械台班量时,应首先确定所采用的定额。施工定额有时间定额和产量定额两种,它们互为倒数,可以任选其一,其值可以直接从现行施工定额手册中查出。对有些新技术和特殊的施工方法,定额手册中尚未列出的,可参考类似工程项目的定额或通过实测确定。

人工操作时,计算劳动量;机械操作时,计算机械台班量。

其计算公式为:

$$P = QH \qquad (6-1)$$

$$P = Q/S \qquad (6-2)$$

式中 P——为工作项目所需要的劳动量,工日,或机械台班数,或台班,

S——为工作项目所采用的人工产量定额,m/工日或 t/工日、……,或机械台班产量定额,m/台班或 t/台班、……;

H——为综合时间定额,工日/m 或工日/t、……;

Q——为工程量;

当某些工作项目是由若干个分项工程合并而成时,则应分别根据各分项工程的时间定额(或产量定额)及工程量,按式(6-3)计算出合并后的综合时间定额(或综合产量定额):式(6-3)

$$H=\frac{Q_1H_1+Q_2H_2+\cdots+Q_iH_i+\cdots+Q_nH_n}{Q_1+Q_2+\cdots+Q_i+\cdots+Q_n} \tag{6-3}$$

式中　H_i——为工作项目中第 i 个分项工程的时间定额。

Q_i——为工作项目中第 i 个分项工程的工程量;

具体计算时,应注意以下几点:

(1)建筑工程施工定额暂时没有全国统一定额,可参照各企业的企业定额。

(2)新技术、新材料、新工艺或特殊施工方法的项目,可参考类似项目定额确定。

(3)当施工过程项目需要由几个不同的施工工序合并时,因定额不同,不能直接把工程量相加,而是将它们的劳动量或机械台班量(工日/台班)相加。也可采用综合定额,计算公式为:

$$S=\frac{\sum Q_i}{\dfrac{Q}{S_i}+\dfrac{Q}{S_i}+\cdots\dfrac{Q_n}{S_N}} \tag{6-4}$$

式中　S——综合产量定额;

Q_1、Q_2;、$\cdots$、Q_n——参加合并项目的各施工过程的工程量;

S_1、S_2、$\cdots$、S_n——参加合并项目的各施工过程的产量定额。

6.4.3　计算各分部分项工程的工作持续时间

一般先确定劳动量大的主要项目的持续时间,然后再确定次要项目的持续时间,取整数天,实在有必要时可取 0.5d,工作持续时间的计算方法有定额计算法和工期倒排计划法。

1. 定额计算法

定额计算法的计算公式为:

$$T=\frac{P}{R\times N} \tag{6-5}$$

式中　T——某手工操作或机械施工过程项目的持续时间(d);

R——工作班组人数或机械台数;

N——每天采用的工作班制(1~3 班);

P——劳动量或台班量(工日/台班)。

已知劳动量,确定工作班组人数或机械台数和工作班制 N,则可计算工作持续时间 T,其中:

(1)施工班组人数:一是要考虑最小劳动组合;二是必须要满足最小工作面等的影响。同理,确定机械台数时也应考虑满足机械的最小工作面。

(2)工作班制的确定:为考虑施工安全和降低施工费用,一般情况采用一班制施工,当工期较紧或工艺上要求(如混凝土的连续浇筑时),可采取二班甚至三班制施工。

例:某土方开挖工作,共有土方 9600 立方,安排 2 台挖掘机开挖,挖掘机台班定额为 200 立方/台班,不考虑加班,则该工作持续时间为多少天?

$$T=\frac{P}{R \times N}=\frac{9600}{2 \times 200}=24 \text{ 天}$$

则该土方开挖工作的持续时间为 24 天。

2. 工期倒排计划法

工期倒排计划法的计算公式为：

已知劳动量 P，根据工期定额确定各分部分项工程的持续时间 T，则可计算出 $R \times N$；再确定工作班制 N，计算工作班组人数或机械台数 R。但此时为保证安全施工，必须核对及是否满足最小工作面。若不满足，则可通过改变 N 来调整 R，直至满意为止。

6.5 施工进度计划的编制

编制进度计划的前提是工程量计算精确、准确套用施工定额、工作持续时间计算完毕，只有这三项已经完成，才能够编制进度计划图。

6.5.1 编制方法

编制施工进度计划可采用横道图或网络图形式。两种形式绘制方法不同，起到的作用也不完全相同。

横道图是用横道在时间刻度上表示分项工程的起止时间和延续时间，可表达一项工程的全面计划。横道图比较简单，而且非常直观。它用线条形象地表现了各工作项目的持续时间即开始和完成时间。但不能反映各分项工程之间相互依赖与制约的关系，更不能反映施工过程中的关键分项工程和可以机动灵活使用的时间，因而也就不利于进度控制人员抓住主要矛盾指挥工程施工。

网络图分单代号和双代号网络图，国外流行单代号，而国内多用双代号网络图。用网络图的形式表达单位工程施工进度计划，能够弥补横道图的不足。它能充分揭示工程项目中各工作项目之间的制约和相互依赖关系，并能明确反映出进度计划中的主要矛盾。由于网络图可以利用电子计算机进行计算、优化和调整，不仅减轻了进度控制人员的工作量，而且使工程进度计划更加科学；同时，由于能够利用电子计算机编制和调整计划，也使得进度计划的编制和调整更能满足进度控制及时、准确的要求。

当采用网络计划时，有两种安排方式：

一是单位工程规模较大时，若绘制一个详细的网络计划可能太复杂，图也太大，不利于施工管理。此时，可绘制分级的网络计划。先绘制整个单位工程的控制性网络计划，在此网络计划中，施工过程的内容较粗（例如在高层建筑施工中，一根箭线可能就代表整个基础工程或一层框架结构的施工），它主要用于对整个单位工程作宏观的控制。在具体指导施工时，再编制详细的实施性网络计划，如基础工程实施性网络计划、主体结构标准层实施性网络计划等等。

二是单位工程规模较小时，可以绘制一个详细的网络计划，依据网络计划技术的基本原理，如网络图的组成、绘制原则、排列方法，进行参数的计算、关键工作和关键线路判断，以及工期的确定。

6.5.2 进度计划编制步骤

1. 划分施工项目

划分合理的施工项目，确定其中的主要分项工程或施工过程的施工段数及持续时间，组织其连续、均衡的流水施工。其他次要的分项工程或施工过程能合并的尽量合并，并力求能与主导施工过程的施工段数及持续时间相吻合,然后组织它们与主要分项工程或施工过程穿插、搭接或设置平衡区。

划分施工项目还应注意以下问题:

(1)工程量大、用工多、占工期的工程不能漏项;

(2)影响后续工程施工的项目和穿插配合施工较复杂的项目要分细,不漏项;

(3)划分的施工项目应与施工方法相一致;

(4)屋面工程等与其他工作关系不大的项目可以划分得粗一些;

(5)台阶、散水等次要、零星工程,消耗劳动量不多,可以合并为一项"其他工程";

(6)水、电安装合并为一项工程;

(7)施工项目的划分尽可能与预算书上的项目一致。

(8)不占用工作面或不占用时间的某些制备类和运输类项目不用编制在进度计划中。

2. 划分流水施工段与施工层

在组织施工时,通常在平面上把建筑物划分成若干施工段,在高程上把建筑物划分为若干个施工层,供多专业的班组分别在不同的施工场地上作业,从而实现流水施工。

3. 确定劳动量和机械量

利用前面计算的工程量数据,确定劳动量和机械量。

劳动工日数或机械台班数=某项工程的工程量 X 相应的时间定额

4. 确定各分部分项工程的工作日数、工人数和机械台数

确定各分部分项工程的工作日数、工人数和机械台数可以采用两种方法:

一种是可使用的工人和机械量有限额,则可据此限额来确定工程项目的工作日数;另一种是工期是固定的,机械和工人数不限制,则可根据规定工期计算确定需用的机械和劳动量。计算前首先应确定一天工作几班。习惯上建筑施工的大部分项目都采用一班制,在使用大型机械施工的项目如反铲挖土等,为了充分利用机械可采用二班制,只有在要求连续施工的项目(如混凝土浇筑)时,才采用三班制。

(1)根据可能提供的人力、物力计算确定施工的工作日数。

完成某项工程的工作日数=该项工程的用工数/每天安排在该工程的人数

或完成某项工程的工作日数=该项工程的机械台班数/每天安排在该工程的机械台数

(2)根据规定的工期计算每天应安排的人力、物力。

5. 编制进度计划

(1) 编排进度时应注意三个方面的问题:

① 应首先安排主导工程,其余的分部分项工程都配合主导分项工程进行安排;

② 尽可能将各分部分项工程的施工最大限度地搭接起来,以缩短工期;

③ 力求同工种的专业工人连续作业。

(2)常用编制施工进度计划的方法:

① 首先根据前面已确定的各分部分项工程的施工顺序和工作时间,直接在横道图进度计划表上画出进度线;然后对初步的进度计划进行检查,包括工期是否满足要求,劳动力是否平衡,机械是否充分利用等。如未达到预期要求,则对计划进行调整。调整后再检查,反复进行,直至所编的进度计划满足要求时为止。

② 为了简化编制工作,先把一幢房屋划分成几个分部工程或扩大的分部工程;然后在分部工程中找出起主导作用的分项工程,以此为根据来确定该分部的施工分段,按照施工条件计算主

导分项工程的工作日数,其他分项工程采用同样的分段,并按照实际情况分别计算其工作日数;接着在每个分部工程中组织流水作业,并计算各分部的工作总时间;最后分析这些分部工程之间有无可能搭接施工。如不能搭接,把这些分部的工作天数相加就是这幢房屋的施工工期;如可搭接,则减去搭接时间后即为该工程的工期。

③ 按照合理的施工顺序绘制网络图,通过分析研究和数学计算找出关键工作,并根据不同要求对网络图进行优化。

横道图和网络图在编制进度计划时可任意选择。同学们可以对它们进行比较,体会各自的用途和两者之间的关系。

6.6 资源需求量计划

为保证施工的顺利进行,应按进度计划编制材料、构件供应计划,调配劳动力和机械,并且还要用资源需要量来确定施工现场临时设施的设置。资源需要量计划编制的主要内容有:劳动力需要量计划;主要材料需要量计划;施工机械需要量计划。

6.6.1 劳动力资源需要量计划

劳动力需要量计划主要是为施工现场的劳动力调配提供依据,其编制方法是:将单位工程的施工进度计划表内所列各施工过程中各单位时间(天、月、季)内所需要的人员数量按工种进行叠加,并汇总列成表格,据此进行统一调配。

劳动力需要量计划表见表 6-1。

表 6-1 劳动力需要量计划表

序号	工种名称	总劳动量	每月需要量(工日)					
			1	2	3	4	…	30

6.6.2 材料及构配件需要量计划

材料及构配件的需要量计划主要是为组织备料、确定仓库及堆场面积、组织运输之用,其编制方法主要是将施工预算或施工进度计划表中各施工过程的工程量,按照材料的名称、规格及使用时间并考虑到各种材料的消耗、储备定额分别汇总而成,交材料及构配件供应部门组织备料和采购。主要材料、构配件需要量计划表见表 6-2。

表 6-2 主要材料、构配件需要量计划表

项次	材料及构配件名称	单位	数量	规格	月份				
					1	2	3	4	…

6.6.3　施工机械需要量计划

根据施工方案和施工进度计划确定施工机械的类型、规格、数量、进退场时间,一般是把单位工程施工进度表中每一个施工过程,每天所需的机械类型、数量和施工日期进行汇总,以得出机械需要量计划,以供设备部门调配和现场道路布置使用。施工机械需要量计划表见表 6-3。

表 6-3　施工机械需要量计划表

序号	机械名称	机械类型（规格）	需要量		来源	使用起讫时间	备注
			单位	数量			

6.7　施工平面布置图

施工平面图是在拟建工程的建筑平面上(包括周围环境),布置为施工服务的各种临时建筑、临时设施以及材料、施工机械等的现场布置图。

施工平面图是单位工程施工组织设计的组成部分,是施工方案在施工现场的空间体现,它反映了已建工程和拟建工程之间,临时建筑、临时设施之间的相互空间关系。

如果单位工程是拟建建筑群的组成部分,其施工平面图设计要受全工地性施工总平面图的约束。

6.7.1　施工平面图设计依据和设计原则

施工平面图设计依据主要有:施工总平面图;单位工程平面图和剖面图;主要分部分项工程的施工方案;单位工程施工进度计划、资源需要计划等。

施工平面图设计的原则有:节约施工用地;减少二次搬运;在保证工程顺利进行的前提下,使临时设施工程量最小;尽量布置循环道路;符合劳动防护,安全,防火的要求。

6.7.2　施工平面图的内容

施工平面图的内容的主要有:地上、地下建筑物,构筑物和管线;测量放线标桩、地形等高线、取土和弃土场地;各类垂直运输机械停放和开行路线位置;各种堆场布置,包括材料、构配件、半成品和机具等堆场的位置;生产和生活用临时设施,施工用水、用电管线;安全、防火设施。

6.7.3　施工平面图的设计步骤

6.7.3.1　熟悉分析有关资料

熟悉分析设计图纸,施工方案,施工进度计划;调查分析有关资料,掌握、熟悉现场有关地形、水文、地质条件;在建筑总平面图上进行施工平面图设计。

6.7.3.2　确定垂直运输机械的位置

当使用固定式起重机械时,材料、构件尽量靠近机械位置堆放,以减少二次搬运。

如使用塔吊时,材料与构件堆场以及搅拌站的出料口应尽量布置在塔机有效起吊范围内。

6.7.3.3　确定搅拌站和材料、构件堆场

材料应尽量靠近使用地点堆放,并考虑运输与装卸方便。

布置搅拌站时一般应满足三个要求:一是使混凝土运到各工作地点的总运输量最小;二是有足够的材料堆场面积和车辆回车的场地;三是要与工地上的主要干道连接。

6.7.3.4　布置临时运输道路

主干道尽可能做成循环线路,直线道路的尽端应有回车调头场地;施工现场道路的最小宽度、最小转弯半径、最大纵向坡度等应满足相关要求。

道路宽度:消防车道宽度不小于 3.5,双车道宽度不小于 5.5~6m。道路的布置应该尽量避开地下管道,以免管线施工时使道路中断。

6.7.3.5　临时设施布置

施工用临时设施包括临时房屋、堆场、仓库等。临时设施需用量根据工程特点与需要以及各种计算参考指标进行计算。

6.7.3.6　水电管网布置

临时用水最好采用生活用水,一般由建设单位的干管或自行布置的干管接到用水地点,应环绕建筑物布置,不留死角,并力求使管网总长最短。管径大小和龙头数目的设置需视工程规模大小通过计算决定。管道可以埋于地下,也可以铺在地面上,以当时当地的气候条件和使用期限决定。工地内设置的消火拴距建筑物不小于 5m,也不应大于 25m,距离路边不大于 2m。施工时,为防止停水,可在建筑物附近设置简单蓄水池。若水压不足,还需要设置高压水泵。

临时用水设计计算包括生活用水计算、施工用水计算、消防用水计算。

施工用电线路布置应在满足使用要求下,力求使总线路最短。线路应架设在道路一侧,除不能妨碍交通和起重机安全作业外,与建筑物水平距离应大于 1.5m,垂直距离大于 2m,与树木距离大于 1m。

如果供电线路不能布置在起重机械的安全作业区外,在起重机回转半径内的部分线路必须搭设竹竿或杉树杆防护栏,其高度要超过 2m。起重机操作时,还应采取相应措施,以确保安全施工。

施工用变压器应布置在现场边缘高压线接入处,四周用铁丝围住,配电室应靠近变压器。

临时用电设计计算包括用电量计算、电源选择、电力系统选择与配置。其中,用电量计算包括生产用电以及室内外照明用电计算、选择变压器、确定导线截面和类型。

具体计算方法参照后面施工组织总设计章节。

总之,建筑施工是个多变复杂的过程,各种施工机械、材料、构件等随着工程的进展而逐渐进场,而且又随着工程的进展而变动、消耗,因此它们在工地的布置情况随时在改变。为此,对于大型工程项目或场地狭小的项目,可根据不同施工阶段设计多张施工平面图,对整个施工期间的临时设施、道路、水电管网,不要轻易变动以节省费用。设计施工平面图时,还应广泛征求不同专业施工单位的意见,以达到最佳设计效果。

6.8　质量、安全保证措施以及主要经济技术指标

6.8.1　技术质量措施

(1)建立质量管理体系,以项目经理为核心,组成横向从土建到安装到各项分包项目,纵向从项目经理到生产班组的质量管理网络。

(2)对于采用新材料、新技术、新工艺、新结构或施工难度较大的分部分项工程,须制订有针对性的技术措施来保证工程质量。

(3)严格实施从施工准备到主体、装修、安装直至竣工等施工全过程的质量控制,每一个分项工程中,工长、质检员均做到操作规程交底到位,施工过程当中检查到位,下工序交接验收到位,节假日施工值班到位。

(4)坚持"质量第一,预防为主"的指导思想,针对各个具体分部分项工程的施工特点,编写专项施工方案,经公司审批后实施。施工前做好技术交底工作,施工中及时进行检查、验收、技术复核和隐蔽记录。

(5)加强原材料的进场验收工作,及时收集好产品合格证和出厂证明书,按有关规定进行随机抽样检验、化验。凡是不合格的材料,一律清仓退货,不得使用,并要做好不合格材料的退场签证记录。

(6)水准点及放线的依据要会同业主代表、监理工程师三方亲临现场认定,做出明确标记。水准点控制桩引进现场后设置在坚固、防震、不受新建筑物沉降影响的物体上,轴线控制桩做好维护,防止在施工中因碰撞而发生位移。

(7)工地设专人负责放线并保存测量仪器,非专业人员不许乱拿乱用,以保证测量仪器的准确性。测量仪器定期鉴定,过期未经计量部门鉴定的仪器禁止使用。

(8)施工过程中要认真收集、整理技术档案资料,做到记录真实,数据准确,收集及时,分类归档,装订整洁,并定期组织各施工区段进行自检、互查,共同提高档案管理水平。

(9)开展全面质量管理活动,定期对职工进行技术培训、技术考核和技能比赛,提高全员质量意识。严格质量验收标准,质量样板制贯彻全过程,明确质量目标,积极开展 QC(全面质量管理)活动,防治质量通病。

6.8.2　安全生产措施

(1)建立和健全安全施工的组织机构和规章制度。所有进场人员,必须先进行安全知识普及教育。特殊工种如电工、焊工、机械操作工等应进行专业培训,合格后经有关部门批准方可上岗。

(2)做好"三宝"使用和"四口"及临边防护设施工作。"三宝"使用包括安全帽、安全网和安全带使用;"四口"及临边防护工作包括楼梯口、电梯口、预留洞口、坑井、通道口防护和阳台、楼层、屋面的临时防护。

(3)加强施工用电管理。现场施工用电由专业人员管理,推行三相五线制,对建筑工程与高压线的距离、支线架设、现场照明、变配电装置、熔丝、低压干线架等方面要求必须达标,经有关人员验收合格后方可使用。

(4)加强施工机械的安全检查和安全使用工作。对于井字架、龙门架、塔吊及各类吊机等大型机械,应验收合格挂牌后方可使用,塔吊的三保险、五限位齐全,各部件运用灵活可靠,机械性

能稳定,机械操作人员应持有效上岗证。

(5)地下室等潮湿环境、通道口及主要出入口的黑暗处,应设置低压照明灯具。机械设备的使用做到定人、定机、定岗位,明确责任。配电箱应有门锁及防雨措施。

6.8.3 文明施工措施

(1)严格按施工现场的总平面规划,布置各种临时设施、机械设备和材料堆场。施工前,应修好现场内的临时道路,并砌筑砖砌排水沟。生活污水、施工废水应先引入沉淀池,经处理后,才能排到市政污水井内。

(2)工地进出路口应设置冲洗车辆的临时场地和高压水枪,防止施工运输车辆带泥上路,影响市政道路的清洁和环境卫生。

(3)施工期间各工种、各专业班组,应各自做到工完料尽,及时清理,保证场内道路畅通,无积余污水。交接班时做到无钉头、无扎丝、无钢筋头、无残渣、无残浆等杂物。各专业间应相互爱护成品、半成品,避免交叉污染。

(4)组织场容清洁队,专门负责生产区、生活区的清洁卫生工作。生活、生产的垃圾应及时运出场外,保持良好的现场环境。生活区的工人宿舍、伙房等场所还要经常打扫,定期消毒,栽花种草,美化生活环境。

6.8.4 主要评价指标

1. 工期指标

(1)总工期。自开工之日到竣工之日的全部日历天数。

(2)提前时间。

$$提前时间=上级要求或合同要求工期-计划工期 \qquad (6-6)$$

(3)节约时间。

$$节约时间=定额工期-计划工期 \qquad (6-7)$$

2. 劳动量消耗的均衡性指标

用劳动量不均衡系数(k)加以评价。

$$k=\frac{高峰施工人数}{施工期内每天平均施工人数} \qquad (6-8)$$

对于单位工程施工或各个专业工种来说,每天出勤的工人人数应力求不发生过大的变动,即劳动量消耗应力求均衡,为了反映劳动量消耗的均衡情况,应画出劳动量消耗的动态图。在劳动量消耗动态图上,不允许出现短时期的高峰或长时期的低谷情况,允许出现短时期的甚至是很大的低谷。最理想的情况是k接近于1,在2以内为好,超过2则不正常。当一个施工单位在一个工地上有许多单位工程时,则一个单位工程的劳动量消耗是否均衡就不是主要的问题,此时,应控制全工地的劳动量动态图,力求在全工地范围内的劳动量消耗均衡。

3. 主要施工机械的利用程度

主要施工机械一般是指挖土机、塔式起重机、混凝土搅拌机、混凝土泵等台班费用高、进出场费用大的机械,提高其利用程度有利于降低施工费用,加快施工进度。主要施工机械利用率的计算公式见式(6-9)。

$$主要施工机械利用率 = \frac{作业期内施工机械制度时间（台日或台时数）}{作业内施工机械工作时间（台日或台时数）} \qquad (6-9)$$

4. 单方用工数

$$总单方用工数 = \frac{单位工程用工数（工日）}{建筑面积（m^2）} \qquad (6-10)$$

$$分部工程单方用工数 = \frac{分部工程用工数（工日）}{建筑面积（m^2）} \qquad (6-11)$$

5. 工日节约率

$$总工日节约率 = \frac{施工预算用工数（工日）-计划用工数（工日）}{施工预算用工数（工日）} \times 100\% \qquad (6-12)$$

6. 大型机械单方台班用量

$$大型机械单方台班用量 = \frac{一大型机械台班用量（台班）}{建筑面积（m^2）} \times 100\% \qquad (6-13)$$

7. 建安工人日产值

$$建安工人日产值 = \frac{计划施工工程工作量（元）}{施工进度计划日期 \times 每日平均人数（工日）} \qquad (6-14)$$

8. 单方造价

$$单方造价 = \frac{投资额}{建筑面积}$$

9. 单方用钢量

$$单方用钢量 = \frac{总用钢量}{建筑面积}$$

思考题及习题

1. 单位工程施工组织设计的编制程序是什么？
2. 单位工程工程量计算的步骤是什么？
3. 单位工程施工进度计划的编制步骤是什么？
4. 单位工程施工平面图布置的内容是什么？
5. 单位工程施工组织设计的主要评价指标有哪些？

第7章 施工组织总设计

学习要点:本章要求掌握施工组织总设计的内容、步骤,熟悉临时设施的布置,熟悉现场供水、供电线路的布置。

7.1 施工组织总设计概述

一个工程项目的建设要经过策划、规划、设计、施工和竣工验收等各个阶段,需要投入大量的人、财、物,涉及政策法规、技术、经济、合同、信息管理等各个方面。不仅要精心组织前期策划、规划和设计等工作,而且还要合理规划、严密组织、认真实施施工阶段的各项生产建设任务,以取得综合经济效益和社会效果。

施工组织总设计(Constructon organization plan)是以整个建设项目或若干个单位工程组成的群体工程或大型项目为编制对象,根据初步设计或扩大初步设计图纸以及其他有关资料和现场施工条件编制,用以指导全工地各项施工准备和施工活动的综合性技术经济和管理文件。一般由建设总承包单位项目负责人主持编制,由总承包单位技术负责人负责审批。

施工组织总设计的作用在于:

(1)为做好全工地性的施工准备工作,为整个工程的施工建立必要的施工条件;

(2)从全局出发,为整个项目的施工作出全面的战略部署;

(3)为建设单位或业主编制工程建设计划提供依据;

(4)为编制单位工程施工组织设计提供依据;

(5)为组织施工力量和技术,保证物资资源的供应提供依据。

7.2 施工组织总设计的内容

施工组织总设计内容有工程概况及施工条件分析;施工总体部署;施工总进度计划;主要施工机械设备及设施配置计划;施工总平面图。

7.2.1 工程概况

工程概况应包括项目主要情况和项目主要施工条件等。

7.2.1.1 项目主要情况应包括下列内容:

1. 项目名称、性质、地理位置和建设规模;

2. 项目的建设、勘察、设计和监理等相关单位的情况;

3. 项目设计概况;

4. 项目承包范围及主要分包工程范围;

5. 施工合同或招标文件对项目施工的重点要求;

6. 其他应说明的情况。

7.2.1.2　项目主要施工条件应包括下列内容：

　　1. 项目建设地点气象状况；

　　2. 项目施工区域地形和工程水文地质状况；

　　3. 项目施工区域地上、地下管线及相邻的地上、地下建（构）筑物情况；

　　4. 与项目施工有关的道路、河流等状况；

　　5. 当地建筑材料、设备供应和交通运输等服务能力状况；

　　6. 当地供电、供水、供热和通信能力状况；

　　7. 施工合同条件

　　8. 施工法规条件

　　9. 其他施工条件

7.2.2　施工总体部署

　　施工总体部署是一种战略性的施工程序及施工展开方式的总体构想策划。通过施工总体部署的描述，阐明施工条件的创造和施工展开的战略运筹思路，使之成为全部施工活动的基本纲领。

7.2.2.1　施工组织总设计应对项目总体施工做出下列宏观部署：

　　1. 确定项目施工总目标，包括进度、质量、安全、环境和成本等目标；

　　2. 根据项目施工总目标的要求，确定项目分阶段（期）交付的计划；

　　3. 明确项目分阶段（期）施工的合理顺序及空间组织。

7.2.2.2　对于项目施工的重点和难点应进行简要分析。

7.2.2.3　总承包单位应明确项目管理组织机构形式，并宜采用框图的形式表示。

7.2.2.4　对于项目施工中开发和使用的新技术、新工艺应做出部署。

7.2.2.5　对主要分包项目施工单位的资质和能力应提出明确要求。

7.2.3　施工总进度计划

　　施工总进度计划，是指施工组织设计范围内全部工程项目的施工顺序及其进程的时间计划。它包括工程交工或动用的计划日期，各主要项目施工的先后顺序及其相互交叉搭接关系；建设总工期和主要单位工程施工工期。

　　施工总进度计划应按照项目总体施工部署的安排进度编制，可采用网络图或横道图表示，并附必要说明。

7.2.4　总体施工准备与主要资源配置计划

7.2.4.1　总体施工准备

　　总体施工准备应包括技术准备、现场准备和资金准备等。现场准备包括施工现场供电、供水、供热等需要量的测算及配置方案；工地材料物资堆场及仓库面积的确定与安排；现场办公、生活等所需临时房屋的数量及配置、搭设方案，甚至还包括施工现场临时道路及围墙的修建等。

　　技术准备、现场准备和资金准备应满足项目分阶段（期）施工的需要。

7.2.4.2　主要资源配置计划

根据工程的特点、实物工程量和施工进度的要求,做好主要资源配置安排。主要资源配置计划应包括劳动力配置计划和物资配置计划等。

劳动力配置计划应包括下列内容:

1. 确定各施工阶段(期)的总用工量;
2. 根据施工总进度计划确定各施工阶段(期)的劳动力配置计划。

物资配置计划应包括下列内容:

1. 根据施工总进度计划确定主要工程材料和设备的配置计划;
2. 根据总体施工部署和施工总进度计划确定主要周转材料和施工机具的配置计划。

7.2.5　主要施工方法

施工组织总设计应对项目涉及的单位(子单位)工程和主要分部(分项)工程所采用的施工方法进行简要说明。尤其是对脚手架工程、起重吊装工程、临时用水用电工程、季节性施工等专项工程所采用的施工方法要进行简要说明。

7.2.6　施工总平面布置

在施工总平面图上,用规定或定义的专用图例,标志出一切地上、地下的已有和拟建的建筑物、构筑物以及其他设施的位置和尺寸;标志出施工机械设备、施工临时道路、临时供水供电供热供气管线;仓库堆场、现场行政办公及生产和生活服务设施,永久性测量放线标桩等的位置。

7.3　施工资源配置

施工资源需要数量是有限制的,不同工序对同一种资源具有竞争性;另一方面,某些施工资源具有替代性,使用不同资源方案的工程成本不同,需要做分析和比较。

7.3.1　施工资源的特征和分类

工程施工资源是指一切直接为工程施工生产所需要并构成生产要素的、具有一定开发利用选择性的资源。它具有有用性、稀缺性、可替代性等特征。

按施工所需资源的内容分:有人力、物资设备、资金、信息和技术资源等。

7.3.2　施工资源计划编制步骤

确定资源的需求计划用量,亦称工料分析。其编制步骤为:根据设计文件、施工方案、工程合同、技术措施等计算或套用定额,确定各分部、分项工程量;套用相关资源消耗定额,并结合工程特点,求得各分部、分项工程各类资源的需要量;根据已确定的施工进度计划,分解各个时段内的各种资源需要量;汇总各个时段内各种不同资源的需要量,形成各类资源总需求量,并以资源曲线或资源计划的表格形式表达。

7.3.3　主要资源配置计划

资源配置计划是反映计划资源配置情况的图形,可以根据横道图或时间坐标网络计划来绘制。

7.3.3.1　劳动力需要量计划

劳动力需要量计划是确定暂设工程规模和组织劳动力进场的依据。制作计划时,首先根据工种工程量汇总表中分别列出的各个建筑物专业工种的工程量,查套概算定额或有关资料,以求得各个建筑物主要工种的工程量,再根据总进度计划表中某单位工程各工种工程的持续时间,以得到某单位工程在某段时间里的平均劳动力数。用同样方法可计算出各个建筑物的各主要工种在各个时期的平均工人数。将总计度计划表纵坐标方向上各单位工程同工种的人数叠加在一起并连成一条曲线,即为某工种的劳动力动态曲线图和计划表。如图 7-1 所示。

表 7-1　劳动力需要量计划表

序号	工程名称	施工高峰需用人数	20××年(季)				20××年(季)				现有人数	多余(＋)或不足(－)
			一	二	三	四	一	二	三	四		

注:① 工种除生产工人外,应包括附属用工(如机修、运输、构件加工、材料保管等)以及服务和管理用工。
　　② 表下应附以分季度的劳动力动态曲线(纵轴表示人数,横轴表示时间)。

7.3.3.2　主要材料、构件及半成品配置计划

根据各工种工程量汇总表所列各建筑物和构筑物的工程量,查万元定额或概算指标表便可得出各建筑物或构筑物所需的建筑材料、构件和半成品的需要量。然后根据总进度计划表,大致估计出某些建筑材料在某季度的需要量,从而编制出建筑材料、构件和半成品的需要量计划。它是材料和构件等落实组织货源、签订供应合同、确定运输方式、编制运输计划、组织进场、确定暂设工程规模的依据。其表格形式见表 7-2。

表 7-2　主要材料、构件和半成品配置计划表

序号	材料或预制加工品名称	规格	单位	需用量				需用量进度					
				合计	正式工程	大型临时设施	施工措施	20××年(季)					…
								合计	一季	二季	三季	四季	…

注:① 工种除生产工人外,应包括附属辅用工(如机修、运输、构件加工、材料保管等)以及服务和管理用工。
　　② 表下应附以分季度的劳动力动态曲线(纵轴表示人数,横轴表示时间)。

7.3.3.3　施工机具设备配置计划

主要施工机具,如挖土机、起重机等的需要量,应根据施工进度计划、主要建筑物施工方案和工程量,并套用机械产量定额求得;辅助机具可以根据建筑工程每十万元扩大概算指标求得;运输机械的需要量根据运输量计算;最后编制施工机具需要量计划。施工机具需要量计划除为组织机械供应外,还可作为施工用电选择变压器容量等的计算、确定停放场地面积的依据。其表格形式见表 7-3。

表 7 - 3　主要施工机具、设备需用量计划

序号	机具设备名称	规格型号	电动机功率	数量				购置价值（万元）	使用时间	备注
				单位	需用	现有	不足			
	土方机械挖土机……									

注:机具设备名称可按土石方机械、钢筋混凝土机械、起重设备、金属加工设备、运输设备、木材加工设备、动力设备、测试设备、脚手工具等分别填列。

7.3.3.4　施工准备工作计划

上述计划能否按期实现,很多程度上取决于相应的准备工作能否及时开始、及时完成。因此,必须将准备工程和其他准备工作逐一落实,并用表格形式布置下去,以便在实施时检查和监督。

7.3.4　施工资源调整与优化

在一定时期内,人力、物力和财力的供应总是有一定限度的,即使对工程项目的资源供应是充分的,也有一个合理使用、均衡消耗的问题。

7.3.4.1　资源限制条件下的工期安排

针对项目可得的资源是有限的且不能超过该约束的情况,调整和优化原施工进度计划,使其产生的施工工期延长时间为最短。

7.3.4.2　工期约束条件下的资源均衡

为了使各项工作的资源需求波动最小,对施工进度计划中的非关键工作的总时差和自由时差进行再次分配,即在不影响施工工期的条件下利用非关键工作的时差,将其从资源需求高峰期调出,安排在资源需求较低的时间段。这样,既不影响工程按期完工,又降低了资源需求的高峰值,使资源需求相对均衡。

7.4　施工总平面图设计

根据施工范围的大小,施工平面图设计可分为施工总平面图设计和单位工程施工平面图设计。施工总平面图是用来表示合理利用整个施工场地的周密规划和安排意图。它是按照施工部署、施工方案和施工总进度的要求,将施工现场的道路交通,材料仓库或堆场,附属企业或加工厂,临时房屋,临时水、电、动力管线等的合理布置,以图纸形式表现出来,从而正确处理全工地施工期间所需各项设施和永久建筑、拟建工程之间的关系,以指导现场有组织、有计划的文明施工。

建筑施工过程是一个变化的过程,工地上的实际情况随着工程进展在改变着。为此,对于大型工程项目或施工期限较长或场地狭窄的工程,施工总平面图还应按照施工阶段分别进行设计。

7.4.1 施工平面图设计的依据、原则和要求

7.4.1.1 施工总平面图设计的依据有:

1.各种勘察设计资料,包括建筑总平面图、地形地貌图、区域规划图、建筑项目范围内有关的一切已建和拟建的各建筑物、构筑物和原有设施位置。

2.建设项目的建筑概况、施工部署和拟建主要工程施工方案,施工总进度计划,以便了解

3.各施工阶段计划,合理规划施工场地。

4.各种建筑材料、构件、加工品、施工机械和运输工具需要量一览表,以便规划工地内部的储放场地和运输线路。

5.各构件加工厂规模、仓库及其他,临时设施的数量及有关参数。

7.4.1.2 施工总平面布置应符合下列原则:

1.平面布置科学合理,施工场地占用面积少;

2.合理组织运输,减少二次搬运;

3.施工区域的划分和场地的临时占用应符合总体施工部署和施工流程的要求,减少相互干扰;

4.充分利用既有建(构)筑物和既有设施为项目施工服务,降低临时设施的建造费用;

5.临时设施应方便生产和生活,办公区、生活区和生产区宜分离设置;

6.符合节能、环保、安全和消防等要求;

7.遵守当地主管部门和建设单位关于施工现场安全文明施工的相关规定。

7.4.1.3 施工总平面布置应符合下列要求:

1.根据项目总体施工部署,绘制现场不同阶段(期)的总平面布置图;

2.施工总平面布置图的绘制应符合国家相关标准要求并附必要说明。

7.4.2 施工平面图设计的内容和设计步骤

施工总平面图设计的主要内容包括:

1.项目施工用地范围内的地形状况;相邻的地上、地下既有建(构)筑物及相关环境。

2.全部拟建的建(构)筑物和其它设施(道路、铁路和各种管线等)的位置和尺寸。

3.项目施工用地范围内的临时设施包括加工设施、运输设施、存贮设施、供电设施、供水供热设施、排水排污设施、临时施工道路和办公、生活用房等;防洪设施,蒸汽和压缩空气管道,安全防火设施,取土弃土地点等。

4.永久性和半永久性测量用的水准点、坐标点、高程点、沉降观测点等。

5.施工现场必备的安全、消防、保卫和环境保护等设施;

施工总平面图设计步骤为:确定运输线路;布置仓库和堆场;布置场内临时道路;布置行政和生活临时设施;布置临时水、电管网和其他动力设施。

7.4.2.1 临时仓库和堆场的计算和布置

布置临时仓库和堆场时应考虑:各种材料、设备的储存量;仓库和堆场的面积及外形尺寸;仓库的结构形式;材料、设备的装卸方法;仓库和堆场的位置。确定了以上各种因素后可以进行临时仓库和堆场的计算。

7.4.2.2 仓库(或堆场)的分类及布置

建筑工程所用仓库按其用途分为:

(1)转运仓库。一般设在火车站、码头附近作为转运之用;

(2)中心仓库。用以储存整个企业及大型施工现场材料之用;

(3)现场仓库(或堆场),即为某一工程服务的仓库。

在布置仓库时,通常要尽量利用永久性仓库;仓库和材料堆场应接近使用地点;仓库应位于平坦、宽敞、交通方便之处,且应遵守安全技术和防火规定。例如,砂石、水泥、石灰、木材等仓库和堆场宜布置在搅拌站、预制厂和木材加工厂附近;砖、瓦和预制构件等直接使用的材料应该直接布置在施工对象附近,以免二次搬运。

7.4.2.3 各种仓库面积的确定

确定某一种建筑材料的仓库面积,与该建筑材料需储备的天数、材料的需要量以及仓库每一平方米能储存的定额等因素有关。一般可采用近似公式(7-1)计算第 i 种材料的储备量

$$P_i = T_C \frac{Q_i}{T} K_i \qquad (7-1)$$

式中 P_i——第 i 种材料的储备量,t 或 m^3 等;

T_c——储备天数(天),见表 7-4,根据材料的供应情况及运输情况确定;

Q_i——第 i 种材料、半成品的总需量(t 或 m^3 等);

T——有关项目的施工总工作日,天;

K_i——第 i 种材料使用不均衡系数,详见表 7-4。

在求得某种材料的储备量后,便可根据此种材料每平方米的储备定额,用公式(7-2)算出其需要面积。

$$F_i = \frac{P_i}{q_i K'} \qquad (7-2)$$

式中 F_i——第 i 种材料所需仓库总面积(m^2);

q_i——每平方米仓库面积能存放 i 种材料或半成品的数量,详见表 7-4,t/m^2 或 m^3/m^2;

K'——仓库面积有效利用系数(主要考虑到人行道和车道所占的面积),详见表 6-61。

另外计算仓库面积时,也可采用另一种简便的方法,即按系数计算法:

$$F = \alpha \cdot m \qquad (7-3)$$

式中 α——系数(可查表 7-5);

m——计算基础数(可查表 7-5)。

在设计仓库时还应正确决定仓库的长度和宽度。仓库的长度应满足货物装卸的要求,它必须有一定的装卸前线。装卸前线可用式(7-4)计算

$$L = n \cdot l + d(n+l) \qquad (7-4)$$

式中 L——装卸运输长度(m);

l——运输工具长度(m);

d——相邻两个运输工具之间的间距(火车运输时取 $d=1m$;汽车运输时,端卸 $d=1.5m$,侧卸 $d=2.5m$);

n——同时卸货的运输工具数目。

表 7-4　计算仓库面积的有关参考系数

序号	材料及半成品	单位	储备天数 T_c	不均衡系数 K_i	每平方米储存定额 q_i	有效利用系数 K'	仓库类别	备注
1	水泥	T	30～60	1.5	1.5～1.9	0.65	封闭式	堆高 10～12 袋
2	砂石	m³	30	1.4	1.2～2.4	0.70	露天	堆高 2m
3	块石	m³	15～30	1.5	1.2	0.70	露天	堆高 1.2m
4	钢筋(直筋)	T	30～50	1.4	2.0～2.5	0.60	露天	堆高 0.5m
5	钢筋(盘筋)	T	30～50	1.4	0.8～1.2	0.60	库或棚	堆高 1m
6	型钢	T	30～50	1.4	0.8～1.8	0.60	露天	堆高 0.5m
7	木材	m³	30～45	1.4	0.7～0.8	0.50	露天	堆高 1m
8	门窗扇框	m³	30	1.2	2.0～4.5	0.60	库或棚	堆高 2m
9	木模板	m³	3～7	1.4	1.6～2.0	0.70	露天	堆高 2m
10	钢模板	m³	3～7	1.4	1.6～2.0	0.70	露天	堆高 1.8m
11	标准砖	千块	15～30	1.2	0.7～0.8	0.60	露天	堆高 1.5～2m

表 7-5　按系数计算仓库面积

序号	名称	计算基础数(m)	单位	系数(α)
1	仓库(综合)	按员工(工地)	m²/人	0.7～0.8
2	水泥库	按当地水泥用量的 40%～50%	m²/t	0.7
3	其他仓库	按当年工作量	m²/万元	2～3
4	五金杂品库	按年建安工作量计算 按在建建筑面积计算	m²/万元 m²/(100 m²)	0.2～0.3 0.5～1
5	土建工具库	按高峰年(季)平均人数	m²/人	0.1～0.2
6	水暖器材库	按年在建建筑面积	m²/(100 m²)	0.2～0.4
7	水器器材库	按年在建建筑面积	m²/(100 m²)	0.3～0.5
8	化工油漆危险品库	按年建安工作量	m²/万元	0.1～0.15
9	三大工具库	按在建建筑面积 按年建安工作量	m²/(100 m²) m²/万元	1～2 0.5～1

7.4.2.4 加工厂(场)的布置

工地加工厂面积的确定。通常工地加工厂类型主要有:钢筋混凝土预制构件加工厂、木材加工厂、钢筋加工厂、金属结构构件加工厂和机械修理厂等。

各种加工厂布置,应以方便使用、安全防火、运输费用最少、不影响建筑安装工程施工的正常进行为原则。一般应将加工厂集中布置在同一个地区,且多处于工地边缘。各种加工厂应与相应的仓库或材料堆场布置在同一地区。

工地加工厂面积的确定。加工厂建筑面积的确定,主要取决于设备尺寸、工艺过程及设计、加工量、安全防火等,通常可参考有关经验指标等资料确定。

钢筋混凝土构件预制厂、锯木车间、模板加工车间、细木加工车间、钢筋加工车间(棚)等,其建筑面积可按式(7-5)计算

$$F=\frac{KQ}{TSa} \tag{7-5}$$

式中　F——所需确定的建筑面积(m^2);

　　　Q——加工总量(m^3 或 t),依材料、预制加工品需要量计划而定;

　　　K——不均衡系数,取 1.3～1.5;

　　　T——加工总工期(月),按施工总进度计划和准备工作计划定;

　　　S——每平方米场地月平均产量定额,可按表 7-6 算得;

　　　α——场地或建筑面积利用系数,取 0.6～0.7。

表 7-6　临时加工厂所需面积参考指标

序号	加工厂名称	年产量		位产量所需建筑面积	占地总面积(m^2)	备注
		单位	数量			
1	混凝土搅拌站	m^2	3200	0.022(m^2/m^3)	按砂石堆场考虑	400L 搅拌机 2 台
		m^3	4800	0.021(m^2/m^3)		400L 搅拌机 3 台
		m^3	6400	0.020(m^2/m^3)		400L 搅拌机 4 台
2	临时性混凝土预制厂	m^3	1000	0.25(m^2/m^3)	2000	生产量面板和中小型梁柱板等,配有蒸养设罐
		m^3	2000	0.20(m^2/m^3)	3000	
		m^3	3000	0.15(m^2/m^3)	4000	
		m^3	5000	0.125(m^2/m^3)	小于 6000	
3	半永久性混凝土预制厂	m^3	3000	0.6(m^2/m^3)	9000～12000	
		m^3	5000	0.4(m^2/m^3)	12000～15000	
		m^3	10000	0.3(m^2/m^3)	15000～2000	

（续表）

序号	加工厂名称	年产量		位产量所需建筑面积	占地总面积（m²）	备注
		单位	数量			
4	木材加工厂	m³	15000	0.0244（m²/m³）	1800～3600	进行原木、方木加工
		m³	24000	0.0199（m²/m³）	2200～4800	
		m³	30000	0.0181（m²/m³）	3000～5500	
	综合木工加工厂	m³	200	0.30（m²/m³）	100	加工门窗、模板、地板、屋架等
		m³	500	0.25（m²/m³）	200	
		m³	1000	0.20（m²/m³）	300	
		m³	2000	0.15（m²/m³）	420	
	粗木加工厂	m³	5000	0.12（m²/m³）	1350	加工屋架,模板
		m³	10000	0.10（m²/m³）	2500	
		m³	15000	0.09（m²/m³）	3750	
		m³	20000	0.08（m²/m³）	4800	
	细木加工厂	万 m³	5	0.0140（m²/m³）	7000	加工门窗、地板
		万 m³	10	0.0114（m²/m³）	10000	
		万 m³	15	0.0106（m²/m³）	14000	
	钢筋加工厂	1	200	0.35（m²/1）	280～560	加工、成型、焊接
		1	500	0.25（m²/1）	380～750	
		1	1000	0.20（m²/1）	400～800	
		1	2000	0.15（m²/1）	450～900	
5	现场钢筋直、冷拉 拉直场 卷扬机 冷拉场 时效场	所需场地（长×宽） 70m～80m×3m～4m 15m～20m（m²） 40m～50m×3m～4m 30m～40m×6m～8m				包括材料和成品堆放
	钢筋对焊 对焊场地 对焊标	所需场地（长×宽） 30m～40m×4m～5m 15～24（m²）				包括材料和成品堆放
	钢筋冷加工 冷剪断机 冷轧机 弯曲机 φ12 以下 弯曲机 φ40 以下	所需场地（m²/台） 40m～50m 30m～40m 50m～60m 60m～70m				按一批加工数量计算

（续表）

序号	加工厂名称	年产量		位产量所需建筑面积	占地总面积（m²）	备注
		单位	数量			
6	金属结构加工（包括一般铁件）			所需场地（m²/1） 年产 500 为 10 年产 1000t 为 10 年产 2000t 为 6 年产 3000t 为 5		按一批加工数量计算
7	石灰消化 {储灰池 淋灰地 淋灰槽			5×3＝15（m²） 4×3＝12（m²） 3×2＝6（m²）		第二个储灰池配一个淋灰池；每 600kg 石灰消化 1m³
8	沥青锅场地			20～24（m²）		台班产量 1.0t/台～1.5t/台

注：也可参考表 7-7 确定。

表 7-7　现场加工作业车间（棚）面积参考指标

序号	名称	单位	面积（m²）
1	木工作业棚	m²/人	2
2	电锯房	m²	40～80
3	钢筋作业	m²/人	3
4	搅拌棚	m²/台	10～18
5	卷扬机棚	m²/台	6～10
6	管工房	m²	20～40
7	电工房	m²	15～20
8	油漆防水工程	m²	20

7.4.2.5　临时建筑物的布置

临时建筑物的布置需考虑施工期间使用这些临时建筑物的人数、临时建筑物的修建项目及其建筑面积、临时建筑物的结构形式以及建筑物位置的布置。确定了以上因素后，即可进行临时建筑物的设计计算。

1. 行政与生活福利临时建筑的类型及布置

行政与生活福利临时建筑可分为以下几种：

（1）行政管理和辅助生产用房，包括办公室、警卫室、消防站、汽车库以及修理车间等；

（2）居住用房，包括职工宿舍、招待所等；

（3）生活福利用房，包括俱乐部、学校、托儿所、图书馆、浴室、理发室、开水房、商店、食堂、邮亭、医务所等。

对于各种生活与行政管理用房应尽量利用建设单位的生活基地或现场附近的其他永久建筑，不足部分另行修建临时建筑物。临时建筑物的设计，应遵循经济、适用、装拆方便的原则，并根据当地的气候条件和工期长短确定其建筑与结构形式。

一般全工地性行政管理用房，宜设在全工地入口处，以便对外联系；也可设在工地中部，便于全工地管理。工人用的福利设施应设置在工人较集中的地方或工人必经之路。生活基地应设在场外，距工地 500～1000m 为宜，并避免设在低洼潮湿、有烟尘和有害健康的地方；食堂宜设置在生活区，也可设在工地与生活区之间。

2. 临时房屋建筑面积的确定

行政与生活临时房屋建筑面积，可根据表 6-10 中数据，由公式（7-6）计算而得

$$F = R \cdot F_p \qquad (7-6)$$

式中　F——建筑面积（m^2）

　　　R——施工现场实际人数；

　　　F_p——建筑面积参考指标，见表 7-8。

表 7-8　行政、生活福利建筑面积参考指标（m^2/人）

序号	临时房屋名称	R 指标使用方法	F_p 参考指标（m^2/人）
1	办公室	按使用人数	3～4
2	宿舍（单层床）	按使用人数	3.5～4
3	食堂	按高峰季平均人数	0.5～0.8
4	医务室	按高峰季平均人数	0.05～0.07
5	浴室、理发	按高峰季平均人数	0.08～0.1
6	厕所	按工地平均人数	0.02～0.07
7	会议室、俱乐部	按高峰季平均人数	0.1

布置时，办公室应靠近施工现场，设在工地入口处且能直接观察到施工情况；工人生活区应与作业区分隔，宿舍应布置在安全的、上风的一侧；收发室、门卫宜布置在入口处等。

7.4.2.6　工地内部运输道路的布置

应根据各加工厂、仓库及各施工对象的位置布置道路，并研究货物周转运行图，以明确各段道路上的运输负担，区别主要道路和次要道路。规划这些道路时要特别注意，一定要满足运输车辆的安全行驶需求，保证在任何情况下不致形成交通断绝或阻塞。在规划临时道路时，还应考虑充分利用拟建的永久性道路系统，提前修建或先修建路基及简单路面，作为施工所需的临时道路。道路应有足够的宽度和转弯半径，现场内道路干线应采用环形布置，主要道路宜采用双车道，其宽度不得小于 6m，次要道路可为单车道，其宽度不得小于 3.5m。临时道路的路面结构，应根据运输情况、运输工具和使用条件来确定。简易道路技术需求参见表 7-9。

表 7 - 9　简易公路技术要求

指标名称	技术标准
设计车速	≤20km/h
路基宽度	双车道 6～6.5m;单车道 4～4.5m;困难地段 3.5m
路面宽度	双车道 5～5.5m;单车道 3～3.5m;
平面曲线最小半径	平原、丘陵地区 20m;山区 15m;回头弯道 12m
最大纵坡	平原地区 6%;后陵地区 8%;山区 11%
纵坡最短长度	平原地区 100m;山区 50m
桥面宽度	木桥 4～5m
桥面载重等级	木桥涵 7.8～10.4t(汽-6～汽-8)

7.4.2.7　临时供电的布置与计算

施工用电线路布置在满足使用要求下,力求使总线路最短。线路应架设在道路一侧,除不能妨碍交通和起重机安全作业外,还应与建筑物水平距离应大于 1.5m,垂直距离大于 2m;与树木距离大于 1m。

如果供电线路不能布置在起重机械的安全作业区外,在起重机回转半径内的部分线路必须搭设竹竿或杉树杆防护栏,其高度要超过 2m,起重机操作时,还应采取相应措施,以确保安全施工。

施工用变压器应布置在现场边缘高压线接入处,四周用铁丝围住,配电室应靠近变压器。

临时用电的计算包括:用电量计算;电源选择;变压器确定;供电线路布置;导线截面计算。

建筑工地临时用电包括动力用电与照明用电两个方面。

1. 施工用电

$$P_c = (1.05 \sim 1.10)(k_1 \sum P_1 + k_2 \sum P_2) \tag{7-7}$$

式中　P_c——施工用电量(kW)。

k_1——设备同时使用时的系数。当用电设备(电动机)在 10 台以下时,$k_1 = 0.75$;在 10～30 台时,$k_1 = 0.7$;在 30 台以上时,$k_1 = 0.6$。

P_1——各种机械设备的用电量(kW),以整个阶段的最大负荷为准。

k_2——电焊机同时使用系数。当电焊机数量在 10 台以下时,$k_2 = 0.6$;在 10 台以上时,$k_2 = 0.5$。

P_2——电焊机的用电量(kW)。

2. 照明用电

照明用电指施工现场和生活福利区的室内外照明和空调用电。

照明用电按式(7-8)计算:

$$P_0 = 1.10(k_2 \sum P_3 + k_3 \sum P_4) \tag{7-8}$$

式中　P_0——照明用电量(kW)。

k_{21}——室内照明设备同时使用时的系数。一般用 0.8。

P_3——室内照明用电量(kW)。

k_3——室外照明同时使用系数。一般用 1.0。

P_4——室外照明用电量(Kw)。

最大电力负荷量,按施工用电量和照明用电量之和计算。当采用单班工作时,可以不考虑照明用电。

3. 电源选择

建筑工地临时用电电源通常有以下几种:完全由工地附近的电力系统供给;工地附近的电力系统只能供给一部分,工地需增设临时电站补充;工地附近没有电力系统,电力完全由临时电站供给。

至于采取哪一种方案,要根据具体情况进行技术经济比较后再确定。一般是将附近的高压电通过设在工地的变压器引入工地。这是最经济的方案。受供电半径限制,在大型工地上需设若干个变电站,目的是当一处发生故障,不至于影响其他地方施工。当采用 380/220V 的低压线路时,变电站供电半径为 300m～700m。高压线路的供电半径如下表所示,通常工地常用电流多为三相四线制,380V220V,具体参考表 7-10、表 7-11 选用。

表 7-10 电压与输送半径及输送容量的关系

编号	电压(kV)	输送半径(km)	每条线上的送电容量(kW)
1	6	5	3500
2	1 0	8	5500
3	3 5	40	17 500

表 7-11 常用变压器性能表

序号	型号	额定容量(kVA)	额定电压		重量(kg)
			高压(kV)	低压(V)	
1	SL₁-20/10	20	10,6.3,6	400	225
2	SL₁-50/10	50	0,6.3,6	400	390
3	SL₁-100/10	100	10,6.3,6	400	590
4	SL₁-200/10	200	10,6.3,6	400	965
5	SL₁-500/10	500	10,6.3,6	400	1 880
6	SL₁-I000/10	1000	10,6.3,6	400	3 440
7	SL₁-100/35	100	35	400	955
8	SL₁-500/35	500	35	400	2 550
9	SL₁-1000/35	1000	35,38.5	10 500,6 300,6 000	4 140
10	SJL₁-20/10	20	10,6.3,6	400	200
11	SJL₁-50/10	50	10,6.3,6	400	340
12	SJL₁-100/10	100	10,6.3,6	400	570
13	SJL₁-200/10	200	10,6.3,6	400	940
14	SJL₁-500/10	500	10,6.3,6	400	1 820
15	SJL₁-1000/10	1000	10,6.3,6	400	3 440
16	SJL-20/10	20	10	400	290
17	SJL-50/10	50	10	400	460
18	SJL-100/10	100	10	400	690
19	SJL-500/10	500	10	400	1 180
20	SJL-30/6	30	6	400	315

4. 变压器功率的计算

变压器功率可以按式(7-9)计算:

$$P = \frac{K \sum P_{\max}}{\cos\varphi} \qquad (7-9)$$

式中　P——变压器的功率(kVA)。

　　　K——功率损失系数,可取 1.05。

　　　$\sum P_{\max}$——变压器服务范围内的最大计算负荷(kW)。

　　　$\cos\varphi$——功率因数,一般采用 0.75。

5. 导线截面选择

导线截面的选择应该满足下列要求:先根据电流强度进行选择,保证导线能持续通过的最大的负荷电流而其温度不超过规定值;再根据容许电压损失选择;最后对导线的机械强度进行校核。

(1)三相四线制线路上的电流计算

三相四线制线路上的电流可按式(7-10)计算:

$$I = \frac{P}{\sqrt{3}V\cos\varphi} \qquad (7-10)$$

二线制线路可按式(7-11)计算:

$$I = \frac{P}{V\cos\varphi} \qquad (7-11)$$

式中　I——电流值(A);

　　　P——功率(W);

　　　V——电压(V);

　　　$\cos\varphi$——功率因数,临时网路可采用 0.7~0.75。

根据计算的电流值,然后根据厂商提供的导线持续允许电流值,选择导线的截面面积。

(2)按容许电压损失选择

导线上引起的电压降必须限制在一定限值(即容许电压损失)内。容许电压损失见下表7-12:

表 7-12　供电线路容许电压降低的百分数

序号	线　　　路	容许电压降(ε)
1	输电线路	5%~10%
2	动力线路(不包括工厂内部线路)	5%~6%
3	照明线路(不包括工厂和住宅内部线路)	3%~5%
4	动力照明合用线路(不包括工厂和住宅内部线路)	4%~6%
5	户内动力线路	4%~6%
6	户内照明线路	1%~3%

按容许电压损失,导线截面按式(7-12)计算:

$$S = \frac{\sum PL}{C\varepsilon} \qquad\qquad (7-12)$$

式中　S——导线截面面积(mm^2)；

$\quad\quad P$——负载的电功率或线路输送和电功率(kW)；

$\quad\quad L$——送电线路的距离(m)；

$\quad\quad \varepsilon$——容许电压降；

$\quad\quad C$——导电系数,与导线材料、电压、配电方式有关。在三相四线制时,铜线为 77,铝线为
46.3;在二相三线制时,铜线为 34,铝线为 20.5。

（3）按机械强度选择

根据机械强度进行校核。在各种不同敷设方式下,导线按机械强度要求所需要的最小截面
如表 7-13 所示：

表 7-13　机械强度所允许的最小截面

导线用途		导线最小截面	
		铜线	铝线
照明装置用导线	户内用	0.5	2.5
	户外用	1.0	2.5
双芯软电线	用于吊灯	0.35	
	用于移动式生活用电装置	0.5	
多芯软电线以及软电缆	用于移动式生产用电设备	1.0	
绝缘导线	间距为 2m 以及以下	1.0	2.5
	间距为 6m 以及以下	2.5	4
	间距为 25m 以及以下	4	10
绝缘导线	穿在管内	1.0	2.5
	在槽板内	1.0	2.5
	户外沿墙敷设	2.5	4
	户外其他方式敷设	4	10

7.4.2.8　临时供水的布置与计算

临时供水包括生产用水（一般生产用水和施工机械用水）、生活用水（施工现场生活用水和生
活区生活用水）和消防用水三部分。临时供水的布量与计算一般包括计算用水量,选择供水水
源,选择临时供水系统的配置方案,设计临时供水管网,设计供水构筑物和机械设备等内容。

生产用水主要考虑砼浇注用水,包括浇注砼时模板浇水湿润和浇水养护用水等方面。施工
临时管线网布置除了满足生产、生活要求外,还应满足消防用水的要求,并设法使管道总长最短。
供水管网宜从环形干线上引出枝形供水支线。

1. 供水量的确定

(1)一般生产用水

一般生产用水指施工生产过程中的用水,如搅拌混凝土、混凝土养护、砌砖、楼地面等工程的用水。可由式(7-13)计算:

$$q_1 = \frac{k_1 \sum Q_1 N_1 k_2}{T_1 b \times 8 \times 3600} \qquad (7-13)$$

其中　q_1——生产用水量,L/s;

　　　Q_1——最大年度工程量;

　　　N_1——施工用水定额,参见表7-14;

　　　k_1——未预见的施工用水系数(1.05～1.15);

　　　T_1——年度有效工作日,天;

　　　k_2——施工用水不均衡系数见表(7-15);

　　　b——每日工作班数。

表7-14　施工用水参考定额(N_1)

序号	用水对象	单位	耗水量 N_1(L)	备注
1	浇筑混凝土全部用水	m³	1700～2400	
2	搅拌普通混凝土	m³	250	实测数据
3	搅拌轻质混凝土	m³	300～350	
4	搅拌泡沫混凝土	m³	300～400	
5	搅拌热混凝土	m³	300～350	
6	混凝土养护(自然养护)	m³	200～400	
7	混凝土养护(蒸汽养护)	m³	500～700	
8	冲洗模板	m³	5	
9	搅拌机清洗	台班	600	实测数据
10	人工冲洗石子	m³	1000	
11	机械冲洗石子	m³	600	
12	洗砂	m³	1000	
13	砌砖工程全部用水	m³	150～250	
14	砌石工程全部用水	m³	50～80	
15	粉刷工程全部用水	m³	30	
16	砌耐火砖砌体	m³	100～150	包括砂浆搅拌
17	洗砖	千块	200～250	
18	洗硅酸盐砌块	m³	300～350	
19	抹面	m³	4～6	不包括调治用水,找平层同
20	楼地面	m³	1 90	
21	搅拌砂浆	m³	300	
22	石灰消化	t	3000	

（2）施工机械用水

施工机械用水包括挖土机、起重机、打桩机、压路机、汽车、各种焊机等施工生产时的用水。可由式（7-14）计算

$$q_2 = \frac{k_2 \sum Q_2 N_2 k_3}{8 \times 3600} \qquad (7-14)$$

式中 q_2——施工机械用水量，L/s；

k_2——未预见的施工用水系数（1.05～1.15）；

Q_2——同种机械台数，台；

N_2——施工机械用水定额，见表（7-16）；

k_3——施工机械用水不均衡系数见表（7-15）。

表 7-15 施工用水不均衡系数

	用水名称	系 数		用水名称	系 数
k_2	施工工程用水	1.5	k_4	动力设备	1.05～1.10
	生产企业用水	1.25	k_5	施工现场生活用水	1.30～1.50
k_3	施工机械、运输机械	2.00	k_6	居民区生活用水	2.00～2.50

表 7-16 施工机械用水参考定额（N_2）

序号	用水对象	单 位	耗水量 N_2(L)	备 注
1	内燃挖土机	L/(台·m²)	200～300	以斗容量(m³)计
2	内燃起重机	L/(台班·t)	15～18	以起重量(t)计
3	蒸汽起重机	L/(台班·t)	300～400	以起重量(t)计
4	蒸汽打桩机	L/(台班·t)	1000～1200	以锤重量(t)计
5	蒸汽压路机	L/(台班·t)	100～150	以压路机能力(t)计
6	内燃压路机	L/(台班·t)	12～15	以压路机能力(t)计
7	拖拉机	L/(昼夜·t)	200～300	
8	汽车	L/(昼夜·t)	400—700	
9	标准轨蒸汽机车	L/(昼夜·t)	10000～20000	
10	窄轨蒸汽机车	L/(昼夜·t)	4000～7000	
11	空气压缩机	L[台班·(m³/min)]	40～80	以压缩空气机排气量 m³/min 计
12	内燃机动力装置(直流水)	L/(台班·kW)	120～300	
13	内燃机动力装置(循环水)	L/(台班·kW)	25～40	
14	锅驼机	L/(台班·kW)	80～160	不利用凝结水
15	锅炉	L/(h·t)	1000	以小时蒸发量计
16	锅炉	L/(h·m²)	15～30	以受热面积计
17	点焊机 25 型	L/h	100	实测数据

（续表）

序号	用水对象	单 位	耗水量 N_2(L)	备 注
50 型	L/h	150～200	实测数据	
75 型	L/h	250～350		
18	冷拔机	L/h	300	
19	对焊机	L/h	300	
20	凿岩机 01－30(CM－56)	L/min	3	
	01－45(TN－4)	L/min	5	
	01－35(KIIM－4)	L/min	8	
	YQ－100	L/min	8～12	

（3）施工现场生活用水

施工现场生活用水，水量按式（7－15）计算：

$$q_3 = \frac{P_1 N_3 k_4}{8 \times 3600} \tag{7-15}$$

式中　g_3——施工现场生活用水量，L/s；

　　　P_1——施工现场高峰期生活人数，人；

　　　N_3——施工现场生活用水定额，参见表（7－17）；

　　　k_4——施工现场用水不均衡系数，参见表（7－15）；

　　　b——每天工作班次。

表 7－17　生活用水量参考定额（N_3）

序号	用水对象	单 位	耗水量	备 注
1	工地全部生活用水	L/（人·日）	100～120	
2	生活用水（生活饮用）L/（人·日）		25～30	
3	食堂	L/（人·日）15～20		
4	浴室（淋浴）	L/（人·次）	50	
5	淋浴带大池	L/（人·次）	30～50	
6	洗衣	L/人	30～35	
7	理发室	L/（人·次）	15	
8	小学校	L/（人·日）	12～15	
9	幼儿园托儿所 L/（人·日）		75～90	
10	医院	L/（病床·日）	100～150	

（4）生活区生活用水

$$q_4 = \frac{P_2 N_4 k_5}{8 \times 3600} \tag{7-16}$$

式中　q_4——生活区生活用水量，L/s；

P_2——生活区居民人数，人；

N_4——生活区昼夜全部用水定额，参见表(7-17)；

k_5——生活区用水不均衡系数，参见表(7-15)。

(5)消防用水 q_5

建筑工地消防用水量应根据工地大小，各种房屋、构筑物的结构性质和层数以及防水等级等确定。生活区消防用水量则根据居民人数确定，详见表 7-18。

表 7-18　消防用水量

序号	用水名称	火灾同时发生次数	单位	用水量
1	居民区消防用水			
	5000 人以内	一次	L/s	10
	10000 人以内	二次	L/s	10~15
	25000 人以内	二次	L/s	15~20
	施工现场消防用水			
	施工现场在 25m² 以内	一次	L/s	10~15
	每增加 25m²			0

(6)总用水量

总用水量 Q 有下列三种情况分别确定：

当 $(q_1+q_2+q_3+q_4) \leqslant q_5$ 时，$Q = q_5 + \dfrac{1}{2}(q_1+q_2+q_3+q_4)$ 　　　　(7-18)

当 $(q_1+q_2+q_3+q_4) > q_5$ 时，$Q = q_1+q_2+q_3+q_4$ 　　　　(7-19)

当工地面积小于 5 公顷，且 $(q_1+q_2+q_3+q_4) < q_5$ 时，$Q = q_5$ 　　　　(7-20)

最后计算出的总用水量，还应该增加 10%，以补偿损失。

2. 供水管径计算(管道平面布置参考表 7-19)

$$计算公式为：d = [4Q/(\pi \times \nu \times 1000)]^{1/2} \tag{7-21}$$

式中　d——配水管直径(m)；

　　　Q——耗水量(L/s)；

　　　ν——管网中水流速度(L/s)见表 7-20。

表　7-19　各种管道平面布置最小净距(m)

序号	名称	建筑物	铁路 路堤路堑	铁路 中心线	公路边缘	围墙	照明电杆(中心)	高压电杆(支座)	管道沟	给水管线 大于200(mm)	给水管线 小于200(mm)	排水 管	排水 沟	电力电缆	压缩空气	乙炔氧气	管道支架
1	建筑物			6	1.5				2~3	5	5	2.5	1.0	0.6	1.5	3	

（续表）

序号	名称	建筑物	铁路 路堤路堑	铁路 中心线	公路边缘	围墙	照明电杆(中心)	高压电杆(支座)	管道沟	给水管线 大于200(mm)	给水管线 小于200(mm)	排水 管	排水 沟	电力电缆	压缩空气	乙炔氧气	管道支架
2	给水管线大于200mm时	距红线5	路堤坡脚5		1.0	2.5	1.0	3	1.5			5		1.0	1.5	1.5	
	小于200mm时		路堑破顶10		1.0	1.5	1.0	3	1.5			3		1.0	1.5	1.5	
3	管道沟	2~3		3.5	1.0	1.5	1.5	3		1.5	1.5			2.0	1.5	1.5	
4	排水管	2.5	5	3.5	1.5		1.5	3	1.5	3	1.5	1.5		1.0	1.5	1.5	2.0
	排水沟	1.0			1.0	1.0	1.5										
5	电力电缆	0.6		3.5	1.0	0.5	0.5	0.5	2.0	0.5	0.5			1.0		1.0	
6	压缩空气管	1.5		3.5	1.0	1.0	1.5	3	1.5	1.5	1.5			1.0		1.5	
7	乙炔氧气管	3		3.5	1.0	1.5	1.5	3	1.5	1.5	1.5			1.0	1.5		

表7-20 临时水管经济流速(v)

序号	管道名称	流速(m/s) 正常时间	流速(m/s) 消防时间
1	支管 $D<100mm$	2	
2	生产消防管道 $D=100\sim200mm$	1.3	>3.0
3	生产消防管道 $D>300mm$	1.5~1.7	2.5
4	生产用水管道 $D>300mm$	1.5~2.5	3.0

7.5　技术经济评价指标

编制施工组织总设计时,需对其进行技术经济分析评价,以便对设计方案进行必要的改进或进行多方案的优化选择。

7.5.1　技术经济评价的目的

技术经济分析的目的是:论证施工组织总设计所选择的施工部署、施工方案、施工方法以及各种进度安排在技术上是否可行,在经济上是否合理,通过科学的计算和分析比较,选择技术经济效果最佳的方案,为不断改进和提高施工组织设计水平提供依据,为寻求增产节约途径和提高经济效益提供信息。因此,施工组织总设计的编制不是套用固定的格式,"闭门造车"一次就可以完成的。它是通过项目部所有成员,在调查资料的基础上,对各种可行方案经过技术经济论证后确定的。

7.5.2　技术经济评价的基本要求

(1)技术经济评价应对建设项目进行全面系统的分析。在对施工组织总设计进行技术经济评价时,不能仅局限于某一工程、某一施工方法或某一施工单位的经济评价,而应将整个项目为系统,要以整个建设项目的施工过程为评价对象,以整个建设项目如期交工为目标,对施工的技术方法、组织方法及经济效果进行分析,对需要与可能进行分析,对施工的具体环节及全过程进行分析。

(2)作技术经济分析时应抓住施工部署、施工总进度计划和施工总平面图三大重点,并据此建立技术经济分析指标体系。

(3)在作技术经济分析时,要将定性方法和定量方法相结合。定性方法可以充分发挥人的主观能动性,尤其是对于某些大型项目,没有相关的经验可参考,充分发挥人的积极性和创造性尤为重要。定量方法是应用数学模型,通过定量计算,为决策者提供决策的依据。在作定量分析时,应对主要指标、辅助指标和综合指标区别对待。

(4)技术经济分析应以设计方案的要求、有关的国家规范和各项规定及工程的实际需要为依据。

7.5.3　技术经济评价的指标

技术经济评价的指标一般常包括施工工期、劳动生产率、工程质量指标、施工安全保障、成本降低程度、施工机械化水平、预制化施工水平、三大材节约百分比、临时工程费用比例及施工现场的综合利用等。

1. 施工工期

施工工期是指建设项目从工程正式开工到全部投产使用为止的持续时间。通常计算的相关指标有:

(1)施工准备期。指从施工准备开始到主要项目开工的全部时间。

(2)部分投产期。指从主要项目开工到第一批项目投产使用的全部时间。

(3)单位工程工期。指建筑群中各单位工程从开工到竣工的全部时间。

2. 劳动生产率

劳动生产率通常计算的相关指标有:

(1)全员劳动生产率,见式(7-22)。

$$全员劳动生产率[元/(人·年)] = \frac{报告期年度完成工作量}{报告期年度全体职工平均数} \qquad (7-22)$$

(2)单位产品劳动消耗量,见式(7-23)。

$$单位产品劳动消耗量 = \frac{完成该工程的全部劳动工日数}{工程总量} \times 100\% \qquad (7-23)$$

(3)劳动力不均衡系数,见式(7-24)。

$$劳动力不均衡系数 = \frac{施工期高峰人数}{施工期每天平均施工人数} \qquad (7-24)$$

3. 工程质量指标

工程质量指标主要说明建设项目或各组成的单位工程的工程质量应达到的质量等级水平。如合格、优良或某级主管部门的奖励等。

4. 施工安全保障,见式(7-25)

$$工伤事故频率 = \frac{伤事故人次数}{全年职工平均人数} \times 100\% \qquad (7-25)$$

5. 成本降低程度

(1)成本降低额,见式(7-26)

$$成本降低额 = 承包成本 - 计划成本 \qquad (7-26)$$

(2)成本降低率,见式(7-27)

$$成本降低率 = \frac{成本降低额}{工程承包成额} \times 100\% \qquad (7-27)$$

6. 施工机械化水平

(1)施工机械化程度,见式(7-28)

$$施工机械化程度 = \frac{机械化施工完成的工程量}{总工程量} \qquad (7-28)$$

(2)施工机械完好率,见式(7-29)

$$施工机械完好率 = \frac{实际机械设备完好台班数}{计划内机械设备工作台班数} \times 100\% \qquad (7-29)$$

(3)施工机械利用率,见式(7-30)

$$施工机械利用率 = \frac{实际机械设备工作台班数}{计划内机械设备工作台班数} \times 100\% \qquad (7-30)$$

7. 预制化施工水平见式(7-31)

$$预制化施工程度 = \frac{工厂或现场预制的工作量}{总工作量} \qquad (7-31)$$

8. 三大材节约百分比见式(7-32)

$$某种材料计划节约率 = \frac{某种材料计划节约量}{某种材料的预算用量} \times 100\% \qquad (7-32)$$

9. 临时工程费用比例见式(7-33)

$$临时工程费用比例 = \frac{全部临时工程费用}{建筑安装工程总值} \qquad (7-33)$$

10. 施工现场的综合利用见式(7-34)

$$施工现场的综合利用系数 = \frac{临时设施及材料堆场占地面积}{施工现场占地总面积 - 所有拟建物占地面积} \qquad (7-34)$$

7.6　常用施工平面图图例

常用施工平面图图例如下：

临时露天堆场	工间利用的永久堆	土堆	砂堆
砾石、碎石堆	块石堆	砖堆	钢筋堆场
型钢堆场	铁管堆场	钢筋成品场	钢结构场
屋面板存放场	砌块存放场	墙板存放场	一般构件存放场
原木堆场	锯材堆场	细木成品场	粗木成品场
矿渣、灰渣堆	废料堆场	脚手堆场	模板堆场
拟建正式房屋	工间利用的正式房屋	将来拟建正式房屋	密闭式临时房屋
敞棚式临时房屋	建的各种材料围	建筑工地界线	工地内的分区线

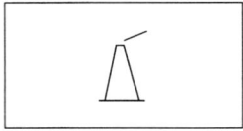
烟囱

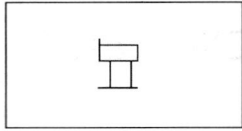
水塔

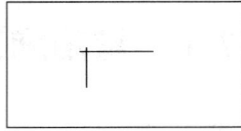
房角坐标

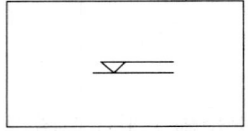
室内地面水平标高

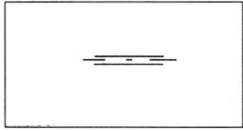
塔轨

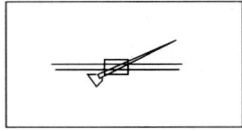
塔吊

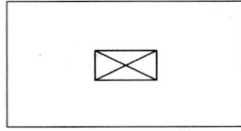
井架

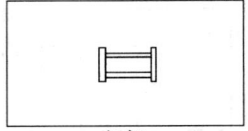
门架

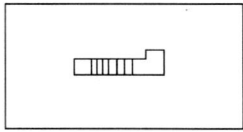
卷扬机

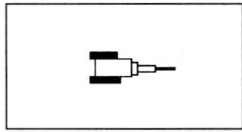
履带式起重机

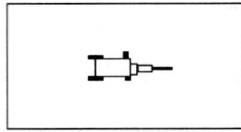
汽车式起重机

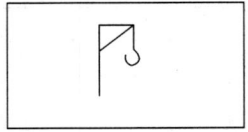
缆式起重机

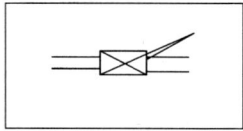
铁路式起重机

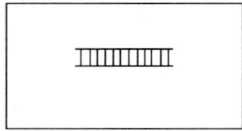
皮带运输机

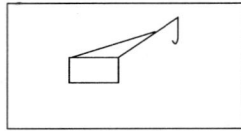
少先吊

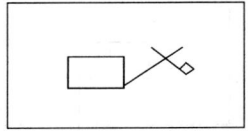
正铲挖土机

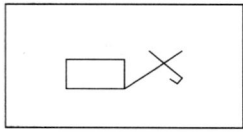
反铲挖土机

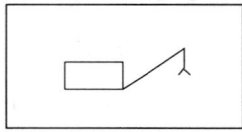
抓铲挖土机

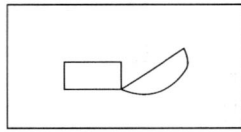
拉铲挖土机

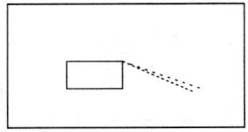
多斗挖土机

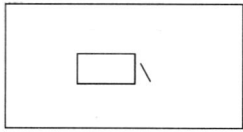
堆土机

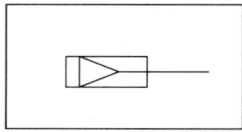
铲运机

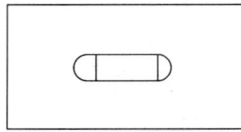
混凝土搅拌机

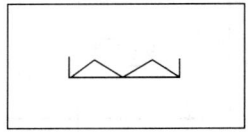
灰浆搅拌机

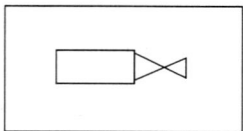
洗石机

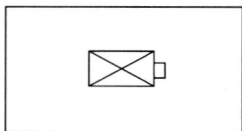
打桩机

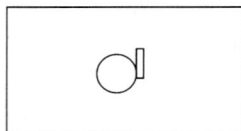
水泵

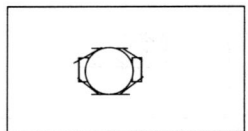
园锯

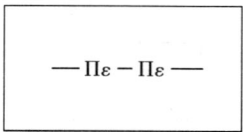
现有高压 6kV 线路

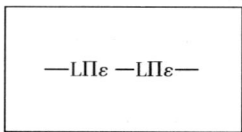
工永久高压 6kV 线路

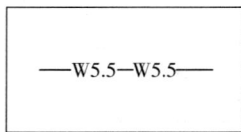
临时高压 3-5kV 线路

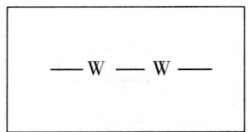
现有低压线路

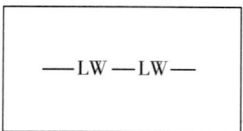
工间永久低压线路

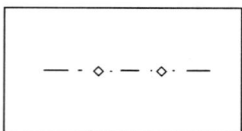
电话线

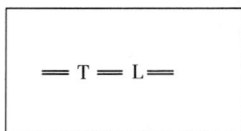
现有暖气管道

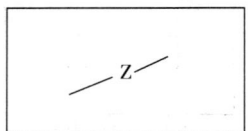
临时暖气管道

空压机站	临时压缩空气管道	贮水池	永久井
临时水塔	临时水池	原有的上水管线	给水阀门(水嘴)
临时井	加压站	消防栓(临时)	消防栓
支管接管位置	消防栓(原有)	临时上下水井	原有的排水管线
原有上下水井	拟建上下水井	原有化粪池	拟建化粪池
临时排水管线	临时排水沟	总降压变电站	发电站
水源	电源	投光灯	电杆
变电站	变压器	脚手架	壁板插放架

淋灰池	沥青锅	指北针 2	指北针 3
避雷针	指北针 1	指北针 4	道口
三点角	水准点	原有房屋	窑洞:地上、地下
蒙古包	坟地、有树坟地	石油、盐、天然气井	竖井:矩形、圆形
钻孔	浅探井、试坑	等高线:基本的、辅助的	土堤、土堆
坑穴	断崖(2.2 为断崖高度)	滑坡	树林
竹林	耕地:稻田、旱地	现有暖气管道	临时暖气管道
外用电梯	淋灰池	沥青锅	

思考题及习题

1. 什么是施工组织总设计？它的主要内容包括哪些？
2. 施工组织总设计中的施工部署包括哪些内容？
3. 施工总进度计划的编制要求是什么？
4. 施工总平面设计的内容包括哪些？
5. 施工临时用水的布量内容有哪些？
6. 施工临时用电的布量内容有哪些？

第8章 计算机辅助施工组织设计

学习要点:本章要求熟悉计算机辅助设计施工方案,施工进度计划和施工平面图布置的操作步骤。了解计算机辅助施工组织设计概况

8.1 计算机辅助施工组织设计概况

随着计算机软硬件技术和工程施工组织与实践的发展,计算机在工程施工组织设计中得到日渐成熟地应用。计算机应用技术可以实现设计、工程量计算、造价分析、招标投标、施工管理、施工技术等各系统之间的数据共享,为提高工程管理水平、提高竞争力提供了现代化的工具。

8.1.1 发展阶段

计算机在工程施工建设领域的应用经历了以下几个阶段:
(1)电子数据处理(Electronic Data Processing System,EDP)阶段;
(2)管理信息系统(Management Information System,MIS)阶段;
(3)决策支持系统(Decision Support System,DSS)阶段。

目前,国内计算机辅助工程施工管理软件的水平分布于各个阶段,但其中高水平的较少,大部分是电子数据处理软件。主要有标书制作软件;项目管理软件;施工平面图软件几类。

8.1.2 计算机辅助施工组织设计的内容

计算机辅助施工组织设计,要求计算机能够进行施工方案的制定;能够根据工程量进行施工进度计划的编制;对施工进度计划进行优化管理;能够进行施工现场平面布置图的绘制,提供施工组织设计文件的全套文档的编辑、管理、打印功能;最后根据实际工程条件,可以从模板素材库中选取相关内容,任意组合,自动生成规范、合理、完整的施工组织设计文件,并且与相关模板或数据库相结合,生成各种资源图表、施工网络计划图、横道图以及施工平面图。

8.2 计算机辅助制作施工方案

8.2.1 计算机辅助施工方案的制定

计算机辅助技术为施工方案的制定提供了一种既灵活、方便、快捷,又能满足各种不同工程项目的施工组织设计的环境。计算机辅助软件,应储存大量的典型工程和常用施工方案的基本要求,并存有大量可用的图表和施工流程图,这样才能够根据具体工程项目的施工条件,选择合适的施工方案,通过适当的组合、删减和增添,迅速形成合理实用的施工组织设计文件。

计算机辅助制作施工方案目前被广泛应用于企业施工组织设计的编制中,广泛应用的有清华斯维尔标书制作软件、pkpm标书制作软件、南京未来标书制作软件和梦龙软件等。该类软件均提供了建筑、装修、水电空调安装、消防、市政、房修、道路、桥梁、公路、园林绿化、景观、铁路、隧

道、水利、钢结构等大量的标书样本、施工组织样本,提供丰富的素材库(各种施工工艺标准、质量预控、质量通病防治、建筑施工工法、安全技术交底、各工种操作规程及机械要求),可从模板素材库中选取相关内容任意组合,编辑并生成规范的标书。有的软件可导入其他软件模块生成的各种资源图表、施工网络计划图以及施工平面图等。

8.2.2　PKPM 标书制作软件辅助制作施工方案的步骤

下面以 pkpm 标书制作软件为例,说明在施工组织设计中如何利用计算机辅助设计施工方案。

1. 新建工程

单击【标书管理】→【新建工程】则打开新建工程窗口参见图 8-1 所示。

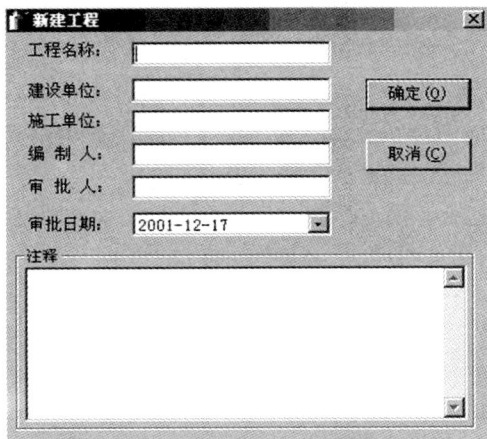

图 8-1　新建工程

2. 浏览文档并编辑文档

在当前标书结构中双击要浏览的文档,则在【文档预览】显示文档内容。也可在当前标书结构中选择要浏览的文档,单击鼠标右键在菜单中选择【浏览文档】。如图 8-2 所示。

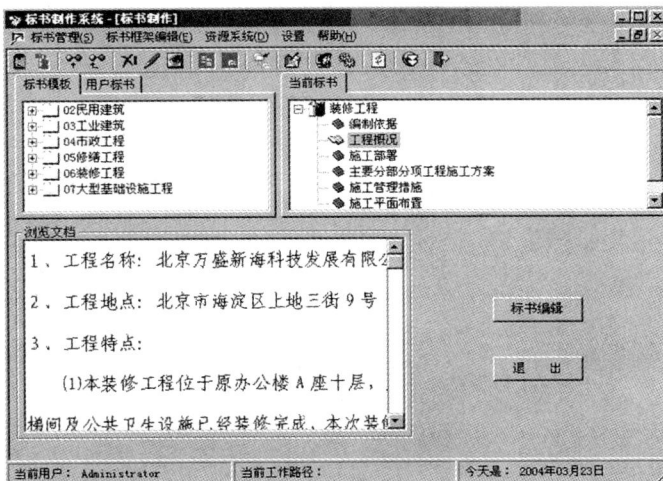

图 8-2　预览"工程概况"

点击 【打开相似文档】按钮,可以打开用户模板和标书模板中的相关文档,用户可以参照以前的相关文档来对当前正在编辑的文档进行编辑。如图 8-3 所示。

图 8-3　编辑文档

3. 查找资料库

在标书编辑中,用户点击工具条上 【资料库】按钮,则系统将启动资料库窗体。资料库可为标书文档编辑提供丰富的素材,用户还可以自己对资料库进行维护,执行添加、删除、浏览、更新等基本操作。有了资料库,用户可以更方便地进行标书制作与管理。资料库主界面如图(8-4)所示。

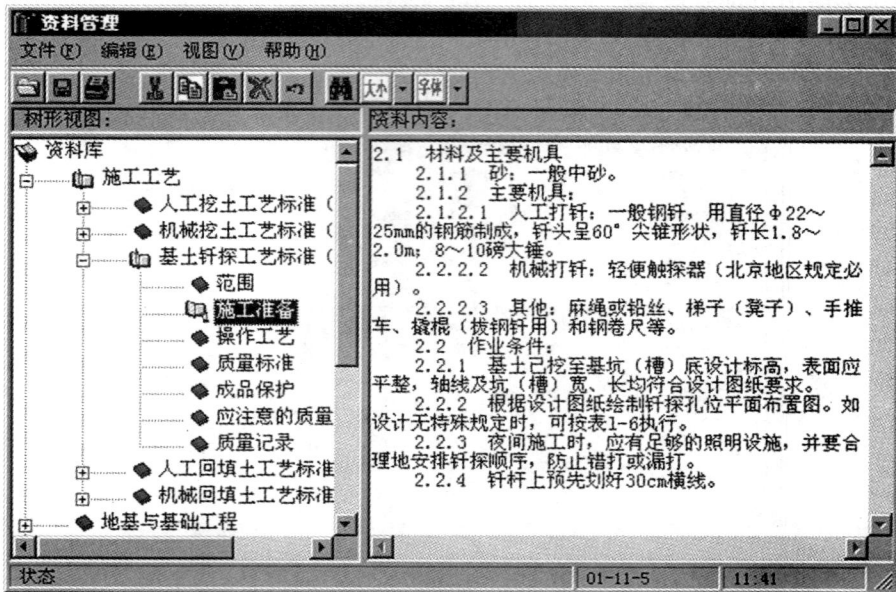

图 8-4　资料库

用户可通过点击工具条上的查找按钮▲或点击【编辑】→【查找】菜单两种方式来启动查找对话框。用户可以按节点信息或按内容信息两种方式进行查询。如图 8-5 所示。

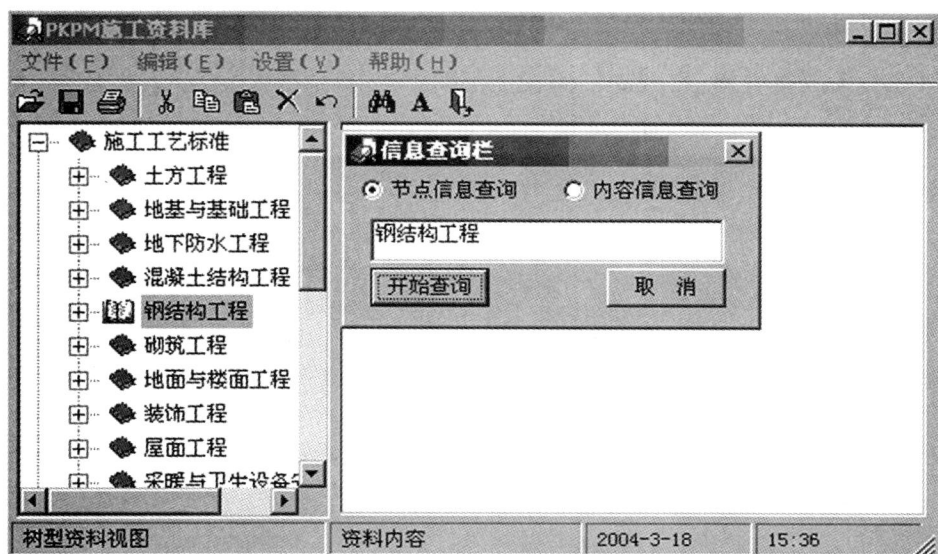

图 8-5　资料库中查找素材

用户在树形视图的节点上点击右键,则会弹出如图 8-6 所示菜单。

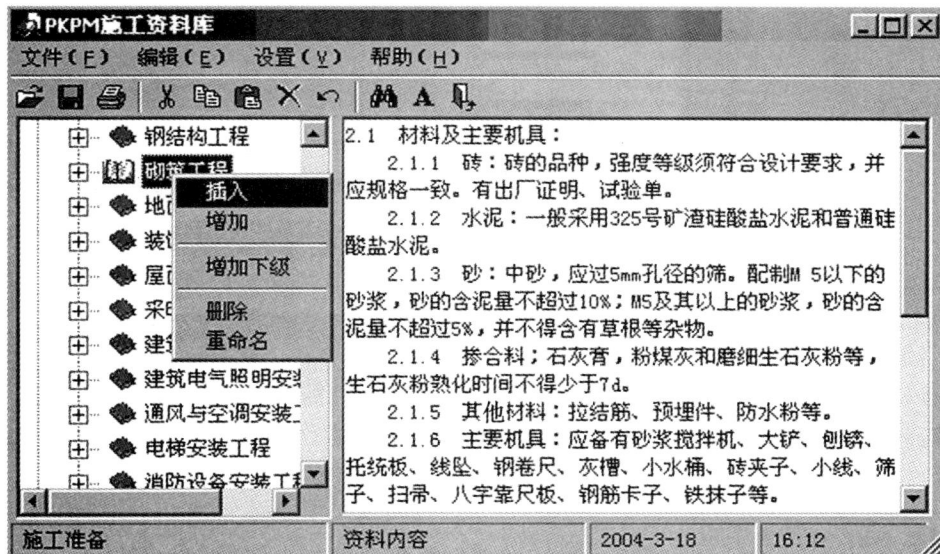

图 8-6　资料库编辑图

4. 生成施工方案

用户在编辑完施工方案内容后,就可进行最后一步生成施工方案。单击█按钮系统便会根据用户的各种设置迅速的自动进行施工方案的生成,并进而生成完整的标书。

8.3 计算机辅助施工进度计划

施工进度计划是施工管理的基础工作之一,通过计算机辅助施工进度计划,可以有效地提高施工进度计划的效率,规范施工管理。

8.3.1 编制施工进度计划的准备工作

在施工进度计划安排前,必须完成下列工作:
(1)项目工作分解,即将项目活动划分为一系列的工序过程;
(2)建立各工序活动之间的逻辑关系;
(3)确定各工序活动所需的持续时间。根据这些资料,就可以绘制项目的基本进度计划。
因此,编制施工进度计划的关键在于划分工序活动、建立逻辑关系和确定持续时间。

8.3.2 进度计划管理软件

我国国内常用进度计划管理的软件主要有:微软 MS Project,北京梦龙科技开发公司的智能化项目管理软件 PERT,大连同洲电脑公司的 Tz-project,清华斯维尔公司开发的进度计划管理软件,还有 pkpm 施工软件系列。国内软件的共同特点是结合我国的实际情况,使用中文界面,有些软件提供单代号与双代号网络图的转换,一般均可输出国内比较通行的双代号网络图。下面叙述几种具有代表性的进度计划管理软件的特点。

8.3.2.1 MS Project 进度计划管理软件

在众多的进度计划管理软件中,以 Microsoft 公司的 MS Project 系列最具有代表性。Project 是基于关键路径法(CPM)和 j 计划评审技术(PERT)两种技术,主要用于大中型项目的计划制定、评审、优化、资源合理调配和现场动态跟踪的通用的肯定型网络计划软件包。

MS Project 具有如下功能:
(1)日程安排工具
提供了完备日程安排工具,可使用鼠标和键盘输入项目的各项任务。
(2)资源管理工具
用户可以直接为任务输入特定的资源,也可以预先将所需的资源一次性的输入到资源仓库中,然后再将资源分配给特定的任务。为用户提供资源表、资源使用图、资源使用表等观察资源的使用情况,考察资源分配是否合理。可以使用手动方式和自动方式解决资源冲突.
(3)费用管理工具
提供了费用管理工具,可设定固定费用和可变费用。根据固定费用和可变费用可以汇总项目的总费用,并以此为基准,与发生的实际费用进行比较。
(4)进度跟踪功能
通过设定基准计划,输入实际发生的信息,根据计划和实际的比较,可以估计完成剩余工作所需的时间,以便对任务之间的相互关系、任务的约束方式和资源的使用情况进行调整等,制定出新的日程,并通过对比知道哪些任务发生了拖延,从而确定采取的措施。

（5）报告、表格和图形

提供几十种的标准格式的报告、表格和图形。

（6）二次开发工具

Microsoft Project 是内置了 Visual Basic for Application(VBA)的程序，用户可以利用 VBA 工具进一步开发基于 Microsoft Project 的宏驱动应用程序，以满足用户的个性化需要，并与 Microsoft 公司的其他软件互为补充。

Microsoft Project 支持多种输入、输出格式，如 XLS(Excel 电子表格文件格式)及 DBF(Foxpro 数据库文件格式)，支持 OLE 协议，保证数据和其来源之间的联系。

如果项目比较复杂或者对工程项目管理要求比较高，则 Microsoft Project 不能胜任。

8.3.2.2　pkpm 施工进度计划管理软件

pkpm 施工进度计划管理软件可直接绘制横道图，自动生成双代号网络图或直接绘制双代号网络，自动生成横道图，真正实现了双代号网络图与横道图之间的自动转换。

pkpm 施工进度计划管理软件有如下主要功能：

（1）提供了多种自动生成施工工序的方法；

（2）可根据工程量、工作面和资源计划安排及实施情况，自动计算各工序的工期、资源消耗、成本状况，换算日历时间，找出关键路径。

（3）系统提供了多种优化方案及流水作业方案和里程碑功能，实现进度控制。

（4）可通过前锋线功能动态跟踪与调整实际进度，及时发现偏差，并采取纠偏措施。

（5）利用国际上通行的赢得值原理进行成本的跟踪动态调整。

（6）自动生成各类资源需求曲线及图表，具有所见即所得的打印输出功能。

（7）可与 project 文件自由转化、可导入 P3 软件和 excel 软件的文件。

8.3.2.3　PKPM 项目管理软件

1. 新建项目

新建一个工程施工计划项目，并使之成为当前工程项目。

操作方法：

单击【文件】→【新建项目】(或单击工具栏中的"新建项目"按钮，或按下[Ctrl]+[N]键)，打开新建项目窗口，在"项目名称"栏输入项目名称，单击"确定"按钮，打开新建计划窗口。

在"计划名称"、"计划代码"、"合同工期"、"间接费率"框内输入相应的内容，并选择填入"计划开工日期"(计划开工日期默认为系统当前日期)。

如果本项目有用 PKPM-STAT 生成的概预算数据(PPK 文件)，就可以指定概预算数据文件，这样以后生成工序时，就可以读取概预算数据，大大提高自动化程度。

2. 设置工作参数

我们将建筑施工中的每个施工过程叫做工作。每个工作都有很多参数，这些参数决定(或影响)着这个工作的持续时间及性质。因此，合理地设置工作参数显得相当重要。

打开工作信息窗口如图 8-7。

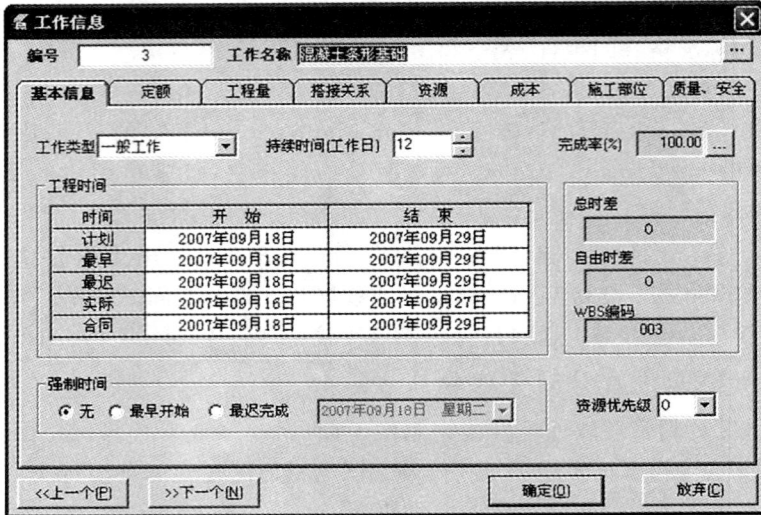

图 8-7　工作信息窗口

3. 横道图

横道图中的图形可以分别设置显示"最早时间"、"最迟时间"、"计划时间"、"实际时间"和"优化时间",系统默认为"计划时间",在显示"计划时间"状态下,用户还可以设置显示的横道图是否带逻辑关系、是否带自由时差和是否显示进度(前锋线)。参见图 8-8。

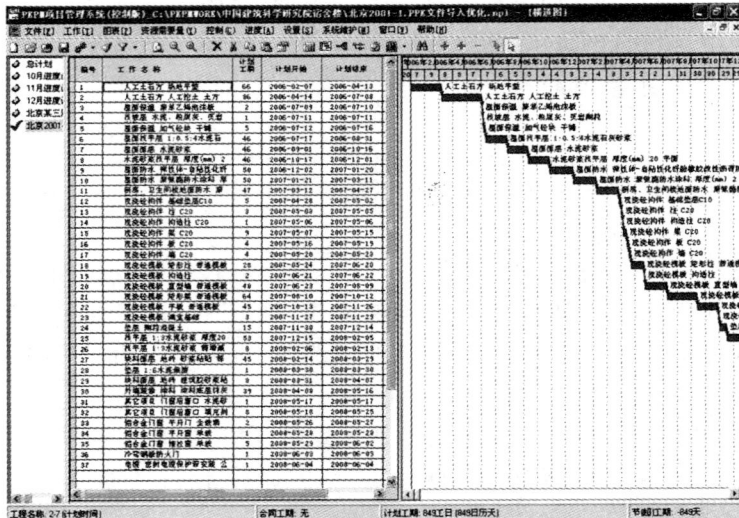

图 8-8　横道图窗口

(1)从概预算生成工序

如当前工程项目已经指定了正确的概预算数据 PPK 文件时,单击【工作】→【从概预算生成工作】菜单(或从工具条上单击"读概预算"按钮),系统将自动从本工程所指概预算路径中读取概预算项目并根据有关定额工序信息生成施工工作。

生成施工工序横道图如图 8-9 所示。

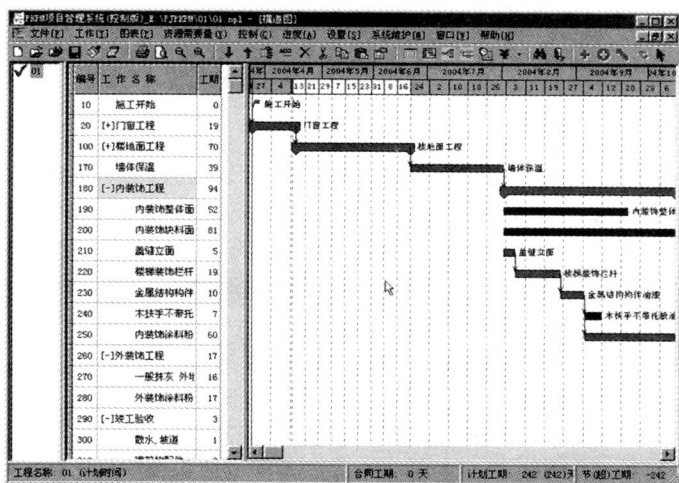

图 8 - 9 生成施工工序横道图

生成施工工序也可以从施工模板导入工序,或从其他工程导入工序,还可以直接增加工序。

(2)参数查阅修改

每个工作都有很多参数,合理地设置工作参数相当重要。其步骤如下:

① 选择要查阅修改的工作,使之成为当前工作;

② 单击【工作】→【参数查阅修改】菜单(或双击当前工作),打开工作信息窗口(如图 8 - 10)。

③ 选择需要修改(设置)的参数项目,进行修改设置。

图 8 - 10 参数查阅修改工作信息窗口

(3)组织流水施工

流水施工是组织施工的有效方法:

① 选择要流水的工作(施工过程)进行流水。在横道图上用窗口选取工作,单击鼠标右键,弹出工作菜单,单击【组织流水施工】。

② 确定工作可以流水的施工层。如果当前项目没有概预算数据,则用户必须输入层数并选

取要进行流水的层。

③ 划分施工段及输入流水参数。用户可以在这里输入每个自然层的分段数,每段所的占比例(不按基段流水时)、层间歇以及过程间歇。参见图 8-11。

④ 计算流水子网工期。计算工期后,如果是"等节奏流水"或"异节奏流水",还可以进行"连续施工优化";如果是"异节奏流水",则可以进行"异节奏专业队优化"。见图 8-12。

点击【确定】表示流水完毕,可以回到横道图界面如图 8-13。

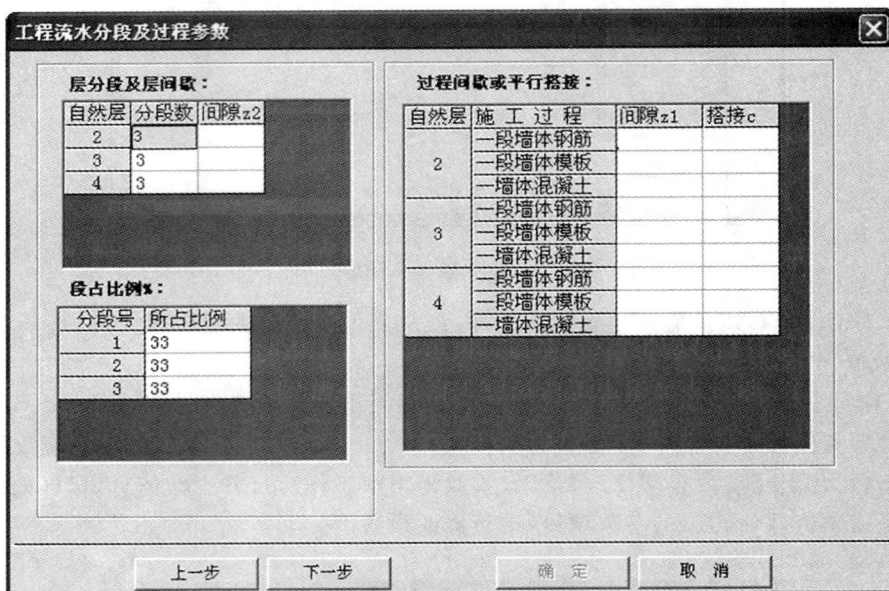

图 8-11　工程流水分段入过程参数窗口

图 8-12　工程流水分段及过程参数

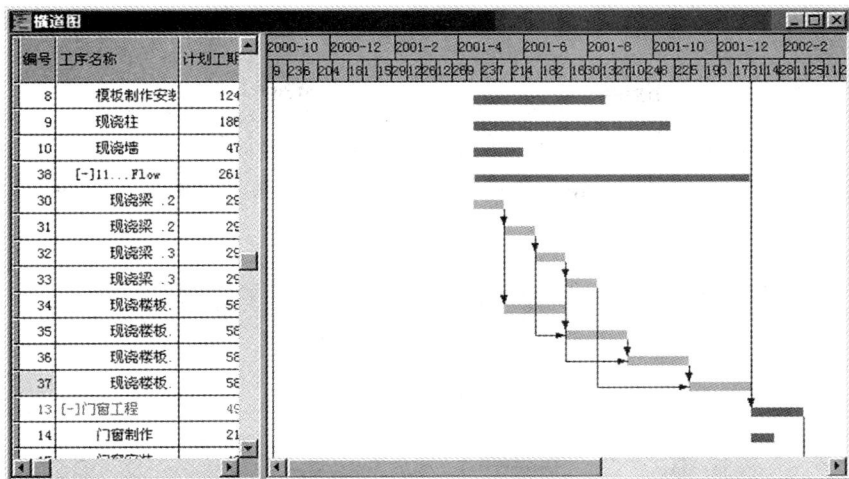

图 8 - 13　横道图窗口

⑤ 划分施工层。将一个或多个工序按施工层进行分解,生成新的施工工序,但要求必须有施工楼层信息才能进行划分施工层(一般通过概预算生成工作的才可以)。

程序根据用户上述结果和概预算数据及有关定额工序情况,自动读取概预算数据进行计算生成新的横道图(如图 8 - 14)。

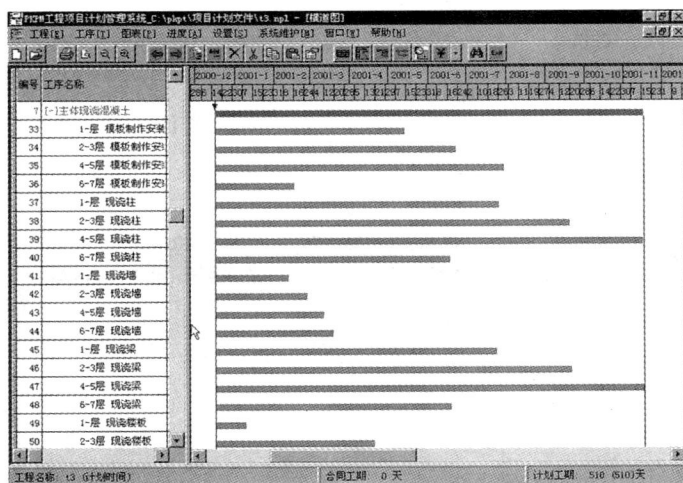

图 8 - 14　重新计划并生成的新的横道图窗口

4. 考虑搭接关系和调整计划持续时间

如果工作之间存在搭接关系如图(8 - 15),在搭接时间框内输入需要的搭接时间(搭接时间

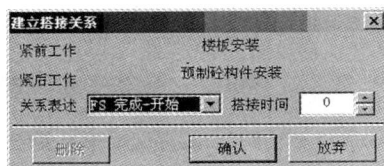

图 8 - 15　建立搭接关系窗口

可以为负值);也可以调整计划持续时间,在横道图上移动光标到所要调整计划时间的工作的右端,直到光标变为一个 ,按下鼠标左键不放;

左(右)水平拖动光标,可见到一个虚框的一端随光标的移动而拉长(缩短),同时信息提示框中提示的当前工序的持续时间也在随光标的移动而不断变化(如图8-16所示);

当光标移到想要的适当位置时,松开鼠标,此时图形长度所反映的持续时间即是当前的计划持续时间。

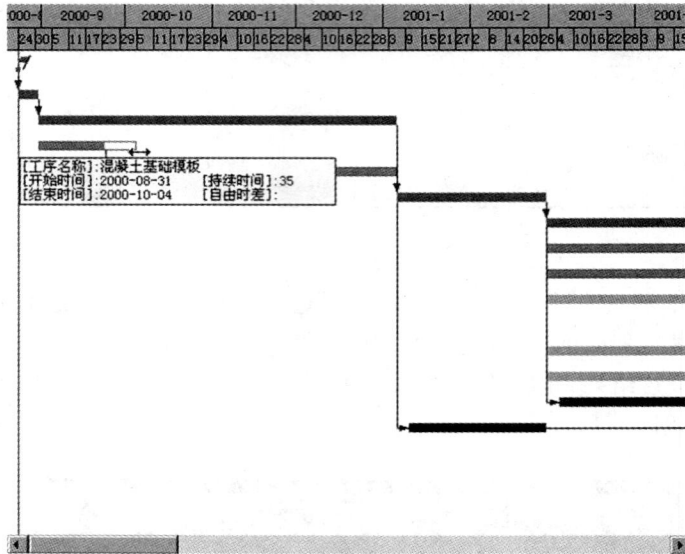

图8-16　当前工序的持续时间窗口

5. 带资源图的横道图(如图8-17)

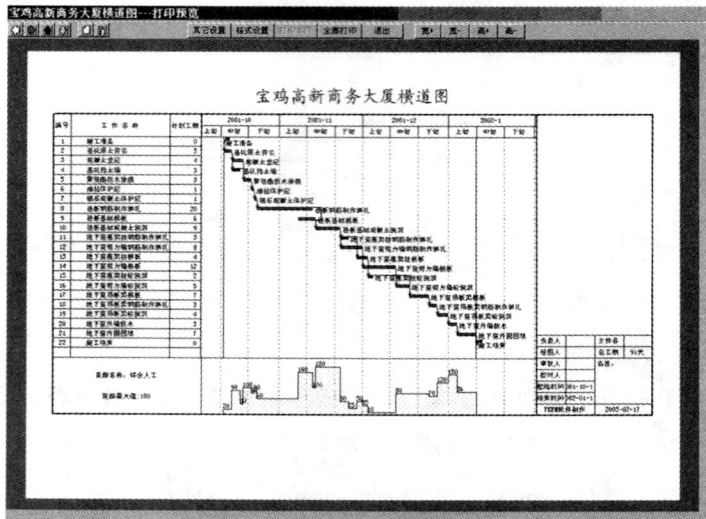

图　8-17　带资源图的横道图

8.4　计算机辅助施工平面图布置

施工平面图是工程项目施工组织设计的一项重要内容。实践证明,合理的施工平面布置设计对于提高施工生产率、降低工程成本、保证工程质量和施工安全等起着十分关键的作用,其必要性、重要性早已为施工设计和管理人员所认识。

计算机辅助施工平面图的布置大大减轻了设计者的工作强度,提供了强有力的计算、绘图、存储等功能支持,使施工平面布置设计的效率和合理性都得以大大提高。

8.4.1　概述

8.4.1.1　计算机辅助施工平面图布置系统的主要功能

计算机辅助施工平面图布置系统应具备的功能有:通过人-机交互式图形界面,用户可以方便的进行施工平面图的生成、修改、显示切换、放大,并能生成动态施工平面图;对生成的施工平面图进行评判;提供相应的辅助设计功能,例如,塔吊的选择、供水供电系统的计算等;生成用户所需的各种图、表,并能以数据文件、屏幕、打印机或绘图仪等多种形式输出。

8.4.1.2　施工平面图设计的内容

计算机辅助施工平面图的设计内容一般应包括以下各项:

(1)地下及地上已建和拟建的一切建筑物、构筑物及其他设施的位置和尺寸;

(2)起重机轨道和升行路线,以及其他垂直运输设备的位置;

(3)材料、构件、加工半成品和施工机具的堆场;

(4)生产、生活用临时设施的位置,包括混凝土搅拌站、钢筋加工棚、木工棚、办公室、供水供电线路、道路等。

(5)安全及防火设施的位置。

施工平面图应依据施工方案和施工进度计划的要求进行设计。设计人员必须在认真研究有关资料、勘查现场,取得第一手资料的基础上,最终决定施工平面的布置方案。

8.4.2　施工平面图的动态布置

作为施工平面图管理的指导性文件,施工平面图也应按不同的施工阶段进行相应变动,动态地显示施工现场的实际布置情况。尤其是对大型、施工周期较长或施工场地狭小的工程项目,这样做的意义更为重大。

当采用传统方法由手工做布置设计时,由于工作量大、重复劳动多,不得不将问题简化,一般只按基础、基础结构、装修几个施工阶段分别进行施工平面图设计,有时甚至只设计主体结构施工时施工平面图,当用于整个施工过程时,其结果是施工平面图无法及时反映工地现场的变化情况,因此也就失去了指导和管理施工的意义。

施工平面图计算机辅助设计系统,具备随施工过程灵活、方便地设计施工平面图的能力,可生成不同施工阶段的施工现场平面布置图。

动态施工平面图的计算机生成可以采用以下方法:

(1)将施工所需设施、设备的进出场时间作为布置内容数据结构的一项,存储于系统之中。当拥护指定施工期间的某一时刻时,系统自动识别此时施工现场内的布置内容,并生成相应的施工平面图。

这种方法比较容易在计算机上实现,但缺乏灵活性。当工期发生变动,或因某些原因需调整某些设施或设备的在场时间时,用户需相应变动布置内容的数据,且操作比较复杂。

(2)通过施工现场内布置内容与施工工序之间的联系,用推理的方法生成动态施工平面图。

这种方法将待布置设施、设备与施工工程联系起来,当用户指定某个施工阶段(或工序)时,系统即可自动识别与之相应的布置内容,并生成相应的施工平面图。

此法比较符合实际情况,也比较容易在计算机上实现,但其灵活性仍有欠缺。因为它要求用户在选择待布置设施、设备时,就确定所对应的施工工序或施工阶段,从而不可避免地给布置设计工作带来了许多困难。

(3)更全面的施工现场布置应具有时空性,不仅要反映随时间进度的现场平面布置变化,还应反映随施工的进行施工现场立体的三维变化情况。将待建建筑物以及施工现场内设施、设备空间上的变化直接与施工进度计划相联系,例如,建筑物施工高度、塔吊起重高度等。这样可以为施工管理人员提供该项目的形象进度,从而反映出施工现场的全貌。通过计算机实现具有时空性的施工现场布置,需要利用计算机图形学、网络技术、仿真和模拟、人工智能等技术,这是一个综合性、系统性很强的问题。

8.4.3 清华斯维尔施工平面图设计软件的应用

下面以清华斯维尔软件为例,说明施工平面设计软件在施工组织设计中的应用。

(1)新建工程:单击【文件】菜单下的【新建】命令来新建工程。

(2)图纸属性:在绘制施工平面布置图之前,需要对一些参数进行设置。单击【查看】菜单下的【图纸设置】命令,对图纸属性进行设置。系统还自带了一些通用图形和专业图形,以方便对施工图进行绘制。

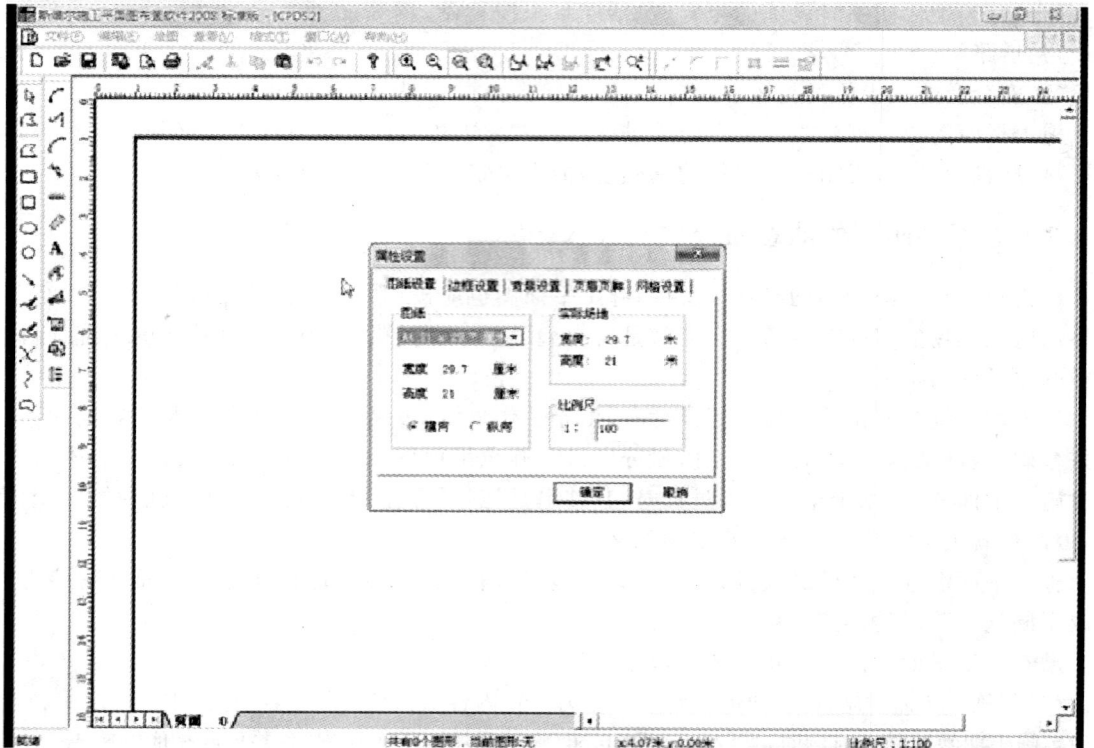

（3）常规属性：在施工平面布置图上，选择一个图元，单击右键选择【常规】，即可对图元的常规属性进行编辑。

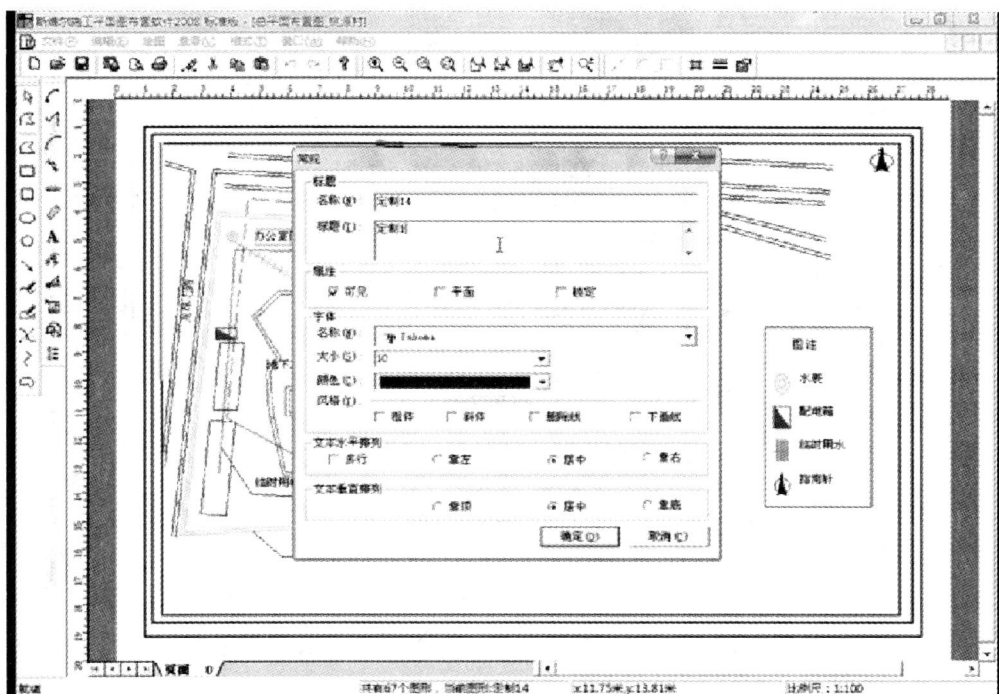

（4）线条属性：

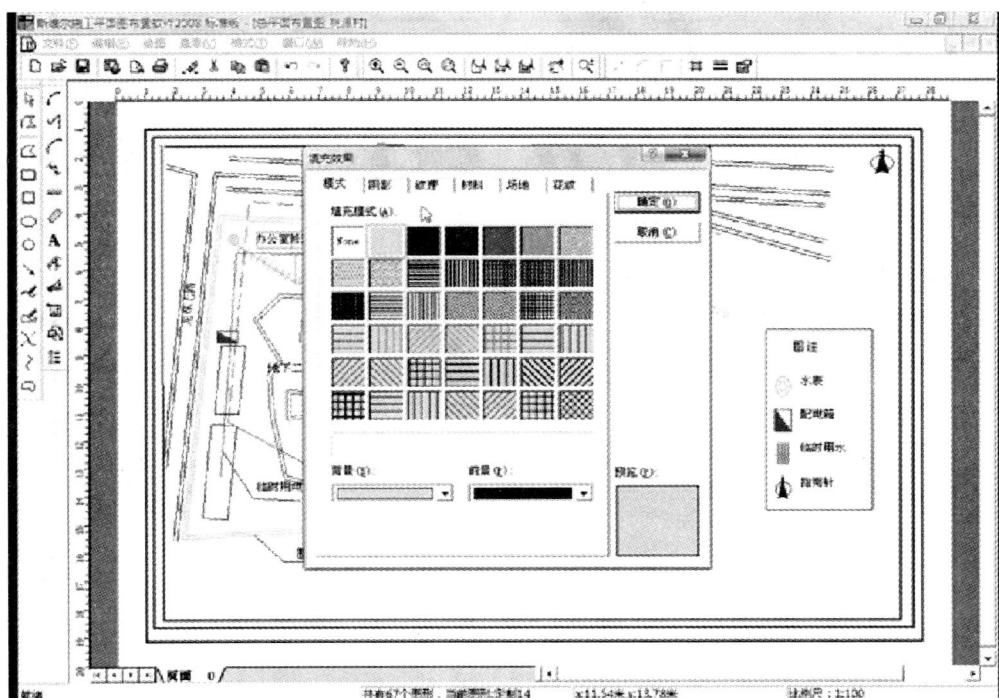

（5）填充图属性：

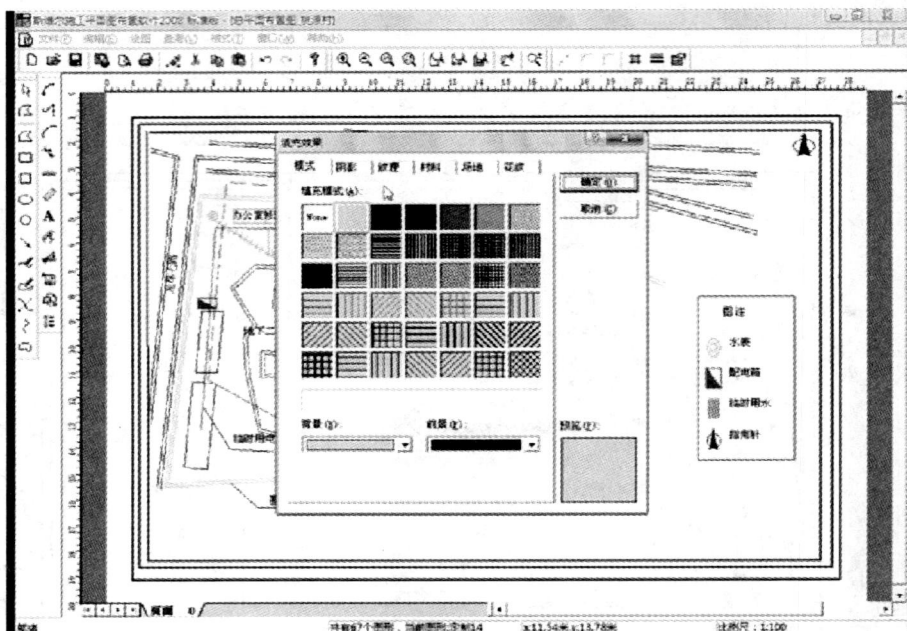

（6）捕捉点设置：绘图时使用捕捉点可以更加快速准确的定位。单击【查看】菜单下的【捕捉点设置】，打开设置捕捉点对话框。

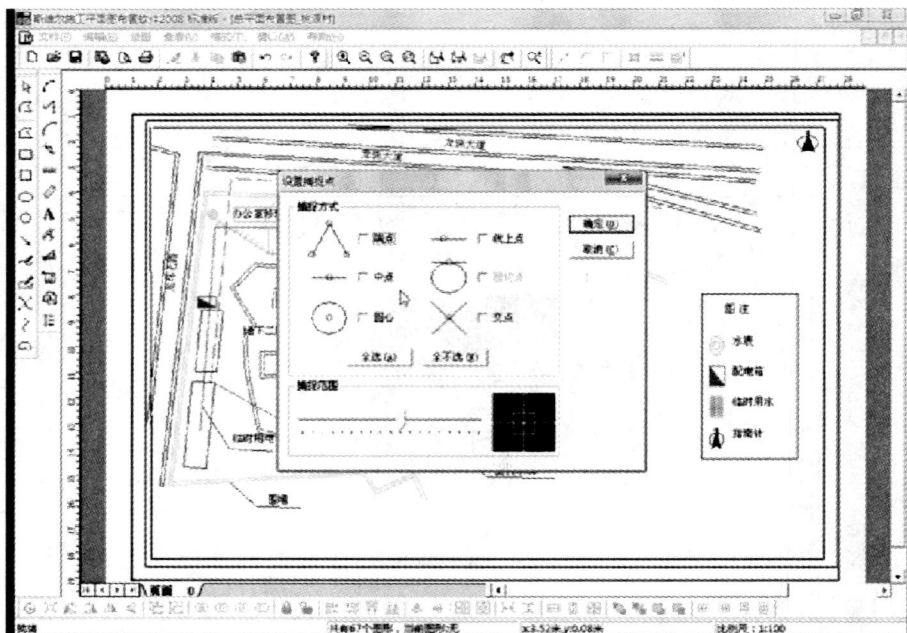

（7）调整格式：系统含有丰富的图元调整命令，可以快速方便的对图元进行调整编辑，是施工平面布置图更加准确有效。

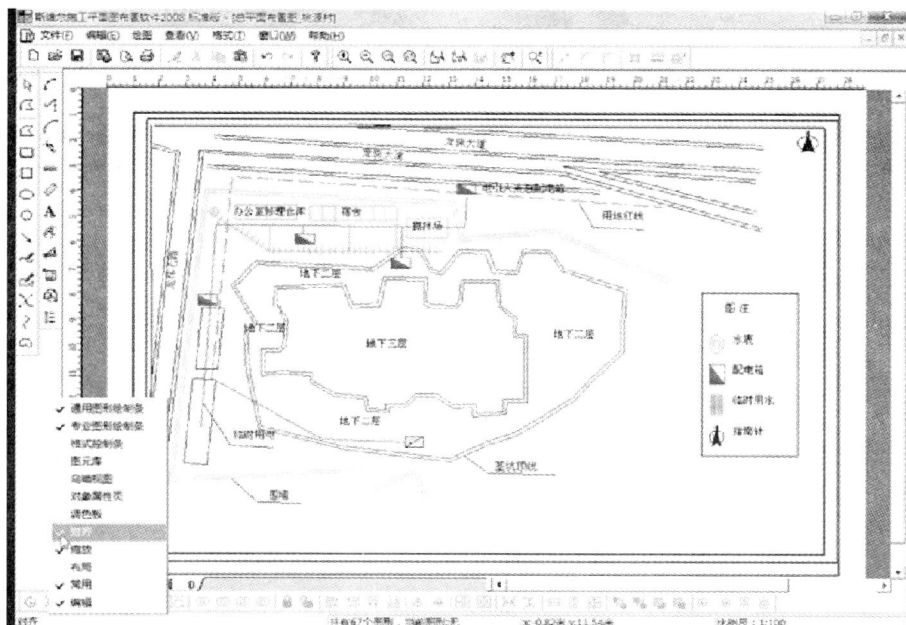

（8）管理图元素：图元库里的材料丰富，含有交通运输和动力设施等图元。，也可以增加新图标。

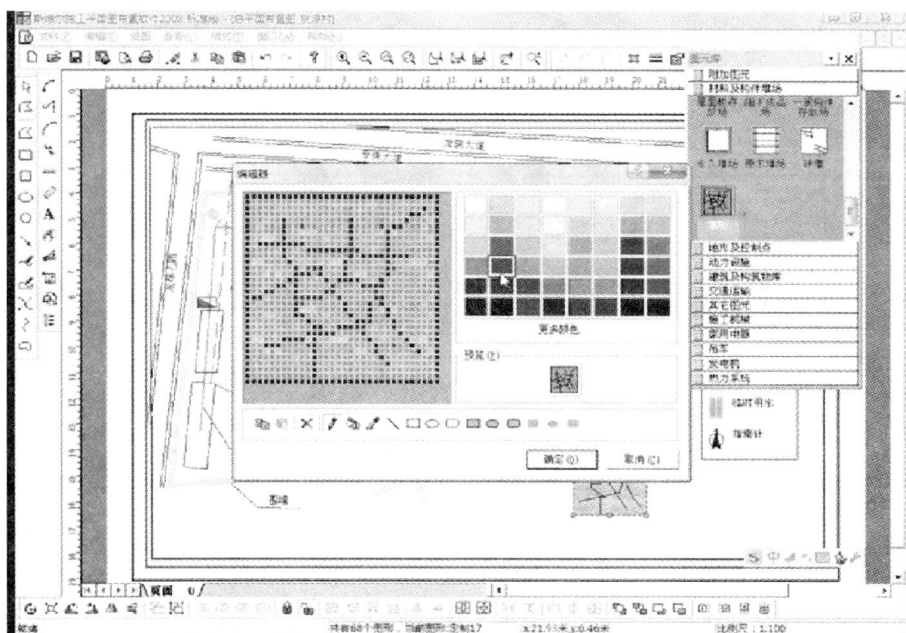

（9）图纸打印：平面图绘制完成之后，就可以打印出图了。点击【文件】菜单下的【打印预览】按钮，进行打印。

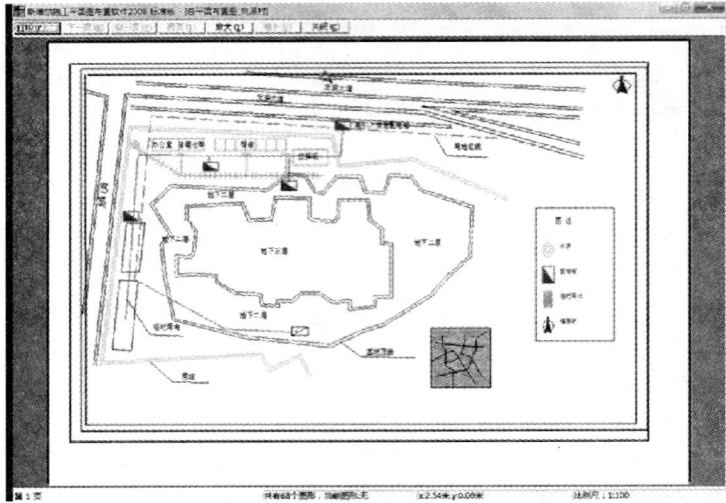

（10）图纸导出：

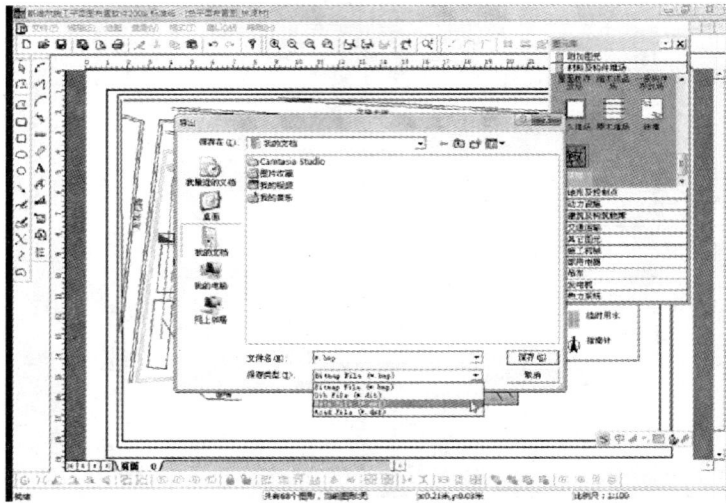

思考题及习题

1. 计算机辅助施工组织设计的内容是什么？
2. pkpm 标书制作软件辅助设施工方案的步骤是什么？
3. 如何用计算机辅助编制施工进度计划？
4. 请说出清华斯维尔软件进行施工平面图布置的步骤。

附录：某框架结构施工组织设计实例

一、建设概况

（一）工程概况

本工程为某大厦主楼工程,工程由办公楼、综合训练馆、游泳馆三部分组成,为框架结构。

（二）建筑设计

该工程总建筑面积为 9864m²。主楼 5 层框架结构,局部 6 层,地下 1 层。主楼顶标高为 22.60m。

（三）结构设计

工程为二类建筑场地,工程抗震设防烈度为 7 度,抗震等级为框架三级,屋面防水等级为二级。基础采用锤击沉管夯扩灌注桩基础,本工程基础垫层为 C10,桩身、承台为 C25,承台顶至 4.17m 标高的框架柱为 C30,框架梁及楼板及其他部分均为 C25,地下室侧壁为 C30,抗渗等级 P6。

墙体:内外填充墙采用 MU10 机制黏土空心砖,M5 混合砂浆砌筑。

外墙做法:水泥砂浆糙底。

楼地面做法:只做到找平层,面层不做。

内墙及顶棚做法:为麻刀灰内墙面粉糙,涂料不计。

屋面做法:不上人屋面由下而上为 20mm 厚 1：3 水泥砂浆找平层,冷底子油隔气层 1 遍,1：10 水泥蛭石保温层屋面最薄处为 60mm 厚,20mm 厚 1：3 水泥砂浆找平层,PVC 卷材防水层,推铺黏结 3～6mm 粒径小石子保护层。

（四）施工条件

该工程"三通一平"已完成,现场道路畅通,交通运输方便,施工场地适中。基础施工在冬、春季,主体结构施工将在春、夏季,装饰工程将在秋、冬季施工。场地地质情况详见"地质勘察报告"。拟建工程正南面设大门,拟建建筑南面设材料加工场,办公区设在工地大门西侧,职工生活区设于拟建建筑西南角。

二、主要分部工程施工技术方案

（一）测量工程方案

本工程结构分布规整,主楼为 6 层,平面测量控制采用通常的"外控法"进行。

1. 各区平面控制主轴线放测

为便于分别对基础施工、地上结构和装饰施工三个施工阶段进行控制,按照建筑物的轴线方向,分别在拟建工程的主楼及综合训练馆放测两条相互垂直的主控制轴线。其中因中间为主楼,其主轴线应延伸到围墙上,设红色标志,作为向各个施工层投测的依据。

2. 土方开挖线及基础结构施工放测

土方开挖前,根据主控轴线将各轴线上墙柱中心轴线测出,用木桩将各中心点标于地上,根据测出的中心轴线及基础宽度,用石灰粉撒出基坑基槽开挖线。为便于土方开挖后放测基础结构线,顺沿轴线方向在基坑基槽开挖线以外 2~4m 处设置龙门桩。基础承台完成后,经对龙门桩再次复核,即可直接将龙门桩上点反测于基础承台上用墨线弹出。同时将标高线测设于引桩上,则基槽开挖时按引桩上标高线直接控制挖掘深度。

3. 地上结构施工放测

地上各层结构施工,先根据地面上控制轴线桩点,用经纬仪按"外控法"将主控轴线投测到施工层,再根据主控轴线将各结构轴线和结构模板边线测出弹出墨线。结构施工平面内放线步骤如下:

第一步:用经纬仪按"外控法"将主控制轴线投到施工层;

第二步:根据主控制轴线和设计图规定的尺寸,确定各轴线及其上各柱位置;

第三步:以轴线为据,按柱、墙、梁板截面尺寸定模板边线弹出墨线。

4. 高程和垂直度控制

将水准点引测到主楼及综合训练馆的四角柱上,利用钢尺直接沿墙角自±0.000 起向上丈量,把各层标高传递上去。

主要通过控制角柱支模垂直度来控制整体垂直度。柱模板垂直度控制采用经纬仪复测,并逐层复核向上传递。

5. 沉降观测

如设计要求做沉降观测,根据设计规定位置设置沉降观察标志,并作防锈防扰保护,沉降观测采用 S1 精密水准仪水准测量的方法测定。

沉降观测频率按施工规范及设计要求进行,在底层结构完成后开始。在结构施工阶段,每施工一层测一次。装饰阶段及竣工以前,每个月测一次,直至竣工。为确保观测结果及时、准确地反映大楼的沉降实况(特别是主楼),沉降观测应派专人进行,并将观测结果绘成图表,做出正确评估后形成书面资料,提供给业主、设计方参考,以利正确判断,为安排施工进度提供依据。如实施此项费用按有关规定计取。

(二)基础工程

基础为锤击夯扩灌注桩基础及钢筋混凝土地下室结构。

1. 施工顺序

根据本工程特点,施工流程为:定位放线→锤击灌注桩施工→挖土方→基础承台→地梁→地下室墙板柱→地下室顶板→回填土

2. 施工方法

(1)锤击灌注桩施工:

该工程采用桩基,混凝土采用导管水下浇筑。

施工顺序:平整场地→放线定位→钻机安装就位→沉套管→开始浇筑混凝土→钢筋笼分段绑扎成型→验筋→下钢筋笼→继续浇筑混凝土→拔管成型。

(2)土方开挖:本工程自然地面为 14m,基坑土方采用机械开挖,挖至距槽底 60cm 处,改用人工清槽。为便于施工操作,槽底宽度每侧将较基础尺寸放大 300~400mm。土方开挖顺序为:由内轴线向外轴线或自一边向另一边推移。

(3)基础模板施工:承台及地梁的模板均采用在垫层上砌 120 砖模,在地下室墙板模板施工时,应注意施工缝位置的设置(见图附-1),以及基础剪力墙的大墙板支模方式(见图附-2)。在独立基础钢筋绑扎过程中,即着手基础梁侧模施工。本工程地下室墙板模板采用九层胶合板、基础柱侧模用钢管支撑的支模方式。

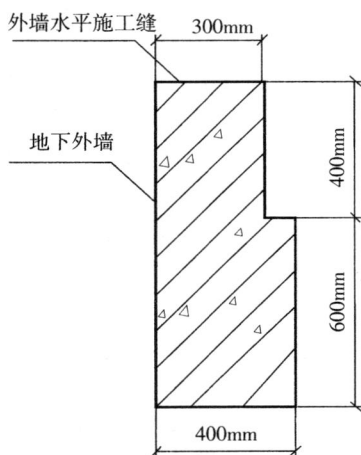

图附-1 水平缝处理详图 图附-2 地下室外墙支模及加固详图

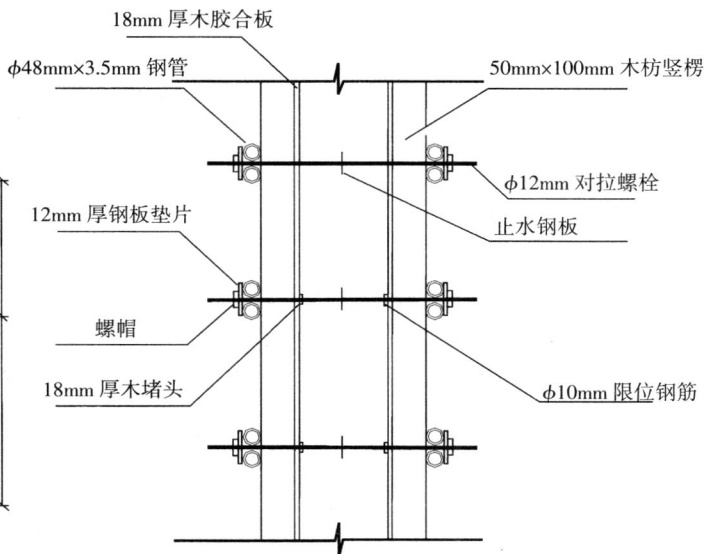

（4）基础砼：

基础砼强度等级:本工程基础垫层为 C10,桩身、承台为 C25,地下室侧壁为 C30,抗渗标号 S6。除垫层和桩身砼外,其余均采用泵送商品砼。

（三）地上结构工程施工方案

1. 钢筋工程

（1）钢筋加工

钢筋加工在现场加工车间进行。本工程在结构施工时,现场配备钢筋切断机1台、弯曲机1台、对焊机1台、冷拉卷扬机1台。从二层结构开始,钢筋加工半成品将由龙门架运至施工层面上。

（2）钢筋连接

本工程地上结构部分所使用的钢筋为直径 $\varphi 20mm$ 以上的钢筋,水平筋采用闪光焊,竖向钢筋采用电渣压力焊。结构竖向钢筋的连接,接头位置按 50% 错开,钢筋搭接部位、搭接方式及搭接长度必须满足设计和规范要求,特别是本工程柱、梁交接处,必须严格按设计要求进行施工。

2. 模板工程施工方案

（1）模板选用

① 半地下室底板:采用多层胶合板;

② 柱模板:采用定型钢模板拼成;

③ 平台板梁底模:采用多层胶合板;

④ 楼板、楼梯等:选用多层胶合板。

模板进行专项设计,并编号使用,弧形、圆形模板事先放大样,从而达到专模专用,使混凝土表面光滑、尺寸精确。

（2）模板支撑系统选用

模板支撑系统选用原则是:在满足工程要求的情况下,尽量减少支撑系统的投入量,降低材

料的租赁费;

本工程施工面积较大,为加快模板支撑利用的周转速度,在本工程楼盖模板的支撑系统中,模板的支撑体系采用 $\varphi48$ 钢管支撑。

碗扣脚手架快拆支撑体系其支撑杆顶部安装有可调式早拆支撑头和养护支撑头两种,当楼板的混凝土达到一定强度后,拆除早拆支撑头、木方搁栅及部分支撑,由养护支撑头支撑楼板重量。等混凝土达到拆模强度后,再拆除养护支撑头及其余支撑杆。利用先进的快拆模板支撑系统快拆成活的优点,可为提高工效、缩短工期、提高工程质量,为优质、快速完成施工项目提供有利条件。碗扣脚手架快拆支撑体系见图附-3。

另外,对楼梯底模、基础侧模、零星细小梁板结构模板等支撑,采用脚手架钢管搭设。

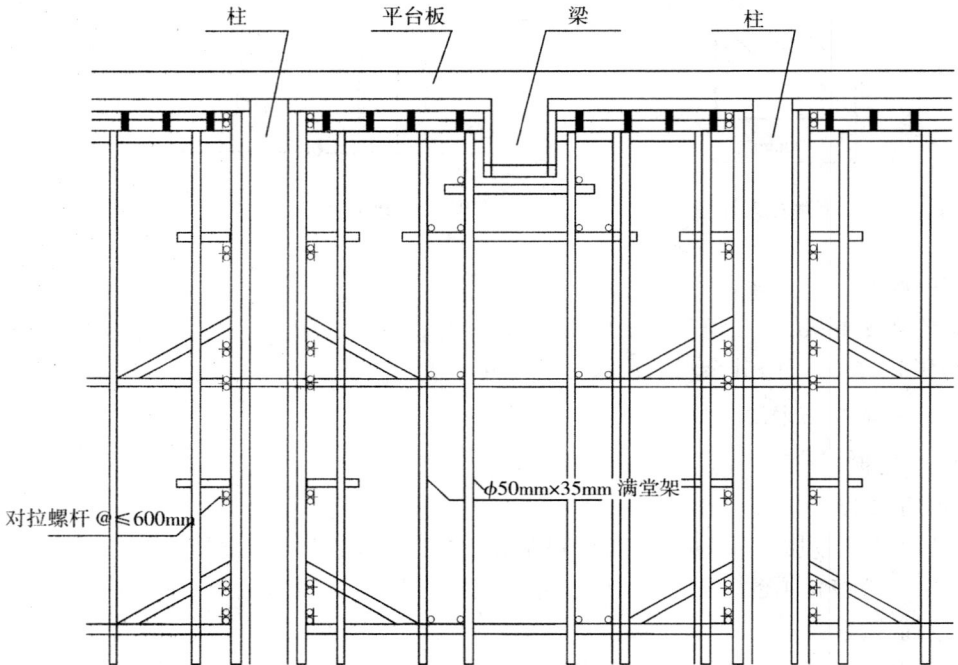

图附-3 满堂架搭设详图

(3)柱梁模板施工

当柱钢筋绑扎完毕隐蔽验收通过后,即进行竖向模板施工;首先在墙柱底部进行标高测量和找平,然后进行模板定位卡的设置和保护层垫块的设置,设置预留洞,安装竖管,经查验后支柱模板。

柱模板就位后,采用轻型槽钢柱箍进行加固,且当截面大于 500mm 时,采取穿对拉螺栓的方式进一步加固。

柱模板的垂直度定位依靠楼层内满堂脚手架和柱连接支撑进行加固调整。柱模底留清扫孔,以便在混凝土浇注之前进行清理。

梁、平台板的模板施工时先测定标高,铺设梁底板,根据楼层上弹出的梁线进行平面位置校正和固定。较浅的梁(一般为 450mm 以内)可先支好侧模,再绑扎钢筋;而对于较深的梁,则先绑扎梁钢筋,再支侧模,然后再支平台模板和柱、梁、板交接处的节点模。

柱模板支固示详见图附-4。

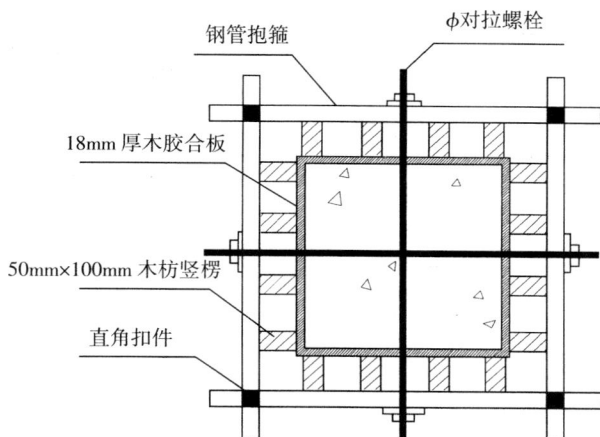

图附-4 柱支模详图

（4）楼梯模板施工

楼梯底板采取胶合板,踏步侧板及挡板采用50mm厚木板。踏步面采用木板封闭以使混凝土浇捣后踏步尺寸准确,棱角分明。由于浇混凝土时将产生顶部模板的升力,因此,在施工时须附加对拉螺栓,将踏步顶板与底板拉结,使其变形得到控制。楼梯模板支固详见图附-5。

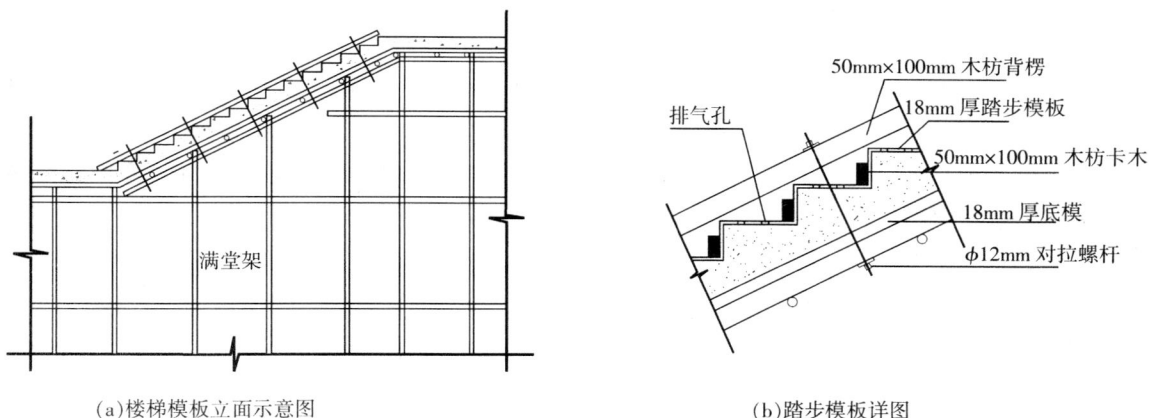

(a)楼梯模板立面示意图

(b)踏步模板详图

图附-5 楼梯支摸及加固详图

（5）模板拆除

对竖向结构,在其混凝土浇注48h后,待其自身强度能保证构件不变形、不缺棱掉角时,方可拆除底模。梁、板等水平结构早拆模部位的拆模时间,应通过同一条件养护的混凝土试件强度实验结果结合结构尺寸和支撑间距进行验算来确定。当楼板的混凝土达到一定强度后,拆除早拆支撑强度后,再拆除及其余支撑杆。模板拆除后应随即进行修整及清理,然后集中堆放,以便周转使用。

侧模:在砼强度能保证其表面及棱角不会被损坏,方可拆除。

底模:在砼强度符合表附-1规定后方可拆除。

表附-1　砼强度标准值

结构类型	结构跨度	按设计砼强度值的百分率(%)
板	≤2	50
	>2≤8	75
	>8	100
梁、拱	≤8	75
	>2	100
悬臂构件	≤2	75
	>2	100

3. 混凝土工程施工方案

(1)材料及施工机械准备

砼强度等级:本工程基础垫层为 C10,桩身、承台为 C25,承台顶至 4.17m 的框架柱为 C30,框架梁及楼板及其他部分均为 C25,地下室侧壁为 C25,抗渗标号 S6。

本工程地上主楼结构混凝土量较大。根据此工程特点选 2 台 JZ350 混凝土搅拌机,这样能够满足砼浇筑要求,加快砼的浇捣速度,提高砼浇捣质量,确保工程进度和施工质量。混凝土计划由两台龙门架共同负责砼的运输。

(2)混凝土浇捣

混凝土浇捣顺序为:提前约 1h 对竖向结构混凝土进行浇捣,每次浇捣高度控制在 1m 范围以内。在 1h 以后竖向混凝土基本沉降稳定后进行不同等级的楼板混凝土的浇捣。

砼振捣采取插入式振动器。在浇捣时个别部位应注意操作顺序:预留洞口两侧适当加长振捣时间,以使模板底面混凝土浇注密实。

(3)混凝土养护

混凝土在浇注 12h 后即进行浇水养护。对柱混凝土,拆模后用麻袋进行外包浇水养护;对水平结构的混凝土,在上表面进行定时撒水养护。

(四)外脚手架

(1)结构外脚手架选型

本工程结构高度为 19.2m,结构外围护脚手架采用落地双排钢管脚手架;脚手架均采用 φ48×3.5 焊接钢管、十字扣件和旋转扣件搭设。

(2)搭设程序及方法

① 从弹好外架线的一个角或跨中立外架的立杆和大横杆,采用小横杆临时固定,开始竖向杆时不少于 3 根。立杆和大横杆要长短搭配,接头位置错开。

② 外架基础为土体,故需在该部分外架立柱底预先做好垫层,使之硬化,并使立柱基础排水通畅。

③ 大小横杆每步的高度基本为 1800,但因为层高的关系可适当进行调整,最大高度不大于 2100。

④ 与结构拉结:每一结构层设一圈拉结。连结采用钢管与柱抱接。在第一层在结构柱模未拆除前,为保证架体的稳定,应在架体外设抛撑,撑点高度为 4.5m,底角为 60°,撑杆间距 6m。

同时在搭设三步高后应加设剪刀撑,角度为45°。

⑤防雷接地:采用钢管找入土层1.5m深,用扁铁连结架体,外架一周按对称方向设置两个接地点。

⑥外架搭设见平面及立面示意图。

(五)内外墙装饰工程施工方案

本工程外墙为水泥砂浆糙底。

内墙及顶棚做法:为麻刀灰内墙面粉糙,涂料不计。

1.墙面抹灰

(1)基层处理:清除墙面的灰尘、污垢、碱膜、砂浆块等附着物,要撒水浸湿。对于过于光滑的砼面,可将墙面凿毛或用喷、扫的方法将1:1的水泥砂浆分散均匀地喷射到墙面上(水泥砂浆中宜掺入水泥量为10%的107胶搅拌均匀后使用),待结硬后才能进行底层抹灰作业,以增强底层灰与墙体的附着力。

(2)抹底层灰前必须先找好规矩,即四角规方,横线找平,立线吊直,弹出基准线和墙裙,踢脚线板。

(3)墙面冲筋:等砂浆墩结硬后,使用与抹灰层相同的砂浆,在上下砂浆墩之间做宽约30mm~50mm的砂浆带,并以上下砂浆墩为准用压尺推平,冲筋完成后应等其稍干后才能进行墙面底层抹灰作业。

(4)做护角:根据砂浆墩和门框边离墙面的空隙,用方尺规方后,分别在阳角两边吊直和固定好靠尺板,抹出水泥砂浆护角。

(5)抹底层灰和中层灰:在墙体湿润的情况下抹底层灰,对砼墙体表面先刷扫水泥浆一遍,随刷随抹底层灰。

(6)面层抹纸筋灰:待中层灰达到七成干后(用手按不软但有指印时),即可抹纸筋灰罩面层(如间隔时间过长,中层灰过干时,应撒水湿润)。纸筋灰罩面层厚度不得大于2mm,抹灰时要压实抹平。

(六)屋面工程

1.屋面做法

不上人屋面至下而上为20mm厚1:3水泥砂浆找平层,冷底子油隔气层一遍,1:10水泥蛭石保温层屋面最薄处为60mm厚,20mm厚1:3水泥砂浆找平层,PVC卷材防水层,推铺粘结3~6mm粒径小石子保护层。

2.施工要点

(1)找平层

①找平层施工前要彻底清除结构层上面的松散杂物,并用水冲洗干净。

②操作前,先将底层洒水湿润,扫纯水泥浆一次,随刷随铺砂浆,表面光滑者应凿毛。

③按配比拌合好水泥砂浆,水灰比不能过大,应拌合成干硬性砂浆。应在砂浆凝固后浇水养护。

(2)防水卷材施工

①施工流程:清理基层→涂布底胶→复杂部位增强处理卷材表面涂胶→基层表面涂胶→粘结→排气→压实→卷材接头粘结→压实→卷材末端由头及封边处理→保护层施工。

②铺贴卷材前将基层凸出物清除。

③ 管道根部、排水口等易发生渗漏的薄弱部分,在卷材铺贴以前,必须进行增强处理。

④ 根据卷材配置的部分,从流水坡度的下坡开始,弹出标准线,并使卷材的长向与流水坡方向垂直。转角处应尽量减少接缝,铺平面与立面相连接的卷材,应由下向上进行,使卷材坚贴阴角,不得有空鼓或黏贴不牢现象。每铺完一张卷材,应立即用干净的长把滚刷从卷材的一端开始,在卷材的横方向顺序用力滚压一遍,以彻底排除卷材黏结层间的空气。

(七)砌体工程

墙体:内外填充墙采用MU5.0机制黏土空心砖,M5混合砂浆砌筑。

1. 施工顺序

施工顺序为:基层处理、原材料检验→放线抄平→砖墙撂底→砖墙砌筑→墙体钢筋埋设→预制构件安装→自检、交互检→墙体保护。

2. 施工方法

(1)砌筑前,根据砖墙位置弹出墙身轴线及边线。

(2)开始砌筑时,如果是圆弧形墙体,一定要先摆砖,排除灰缝宽度;摆砖时注意门窗位置、砖垛等对灰缝的影响,同时要考虑窗间墙的组砌方法。

(3)砌砖前,须立皮数杆于墙角或其他交接点处,其间距不超过15m,皮数杆须经水准仪抄平。

(4)砌砖时须拉准线,一砖半厚以上的墙要双面拉线,砖块依准砌筑。

(5)砖墙转角处和交接处应同时砌筑,对不能同时砌筑的,应按规范要求砌面斜槎或直槎。

(6)砌体工程原材料须经复检合格后方可投入使用。

3. 施工要点

(1)粘合空心砖墙砌筑前应预埋砌块,采用"三一"砌筑法,做到灰缝饱满,厚度适中。当墙高超过4000mm时,在墙中间高度(有门洞的墙在门洞顶处)设置同墙宽的240mm高的圈梁。

(2)所有外墙转角,内外墙交接处应同时咬槎砌筑,与墙体连接的钢筋砼柱、构造柱应沿墙高每隔500留出2Φ6锚入柱内≥250,伸入墙内≥700,且不小于墙长的1/5。

(3)填充墙砌至梁板底时应稍停一段时间(五天左右),待砌体沉实后再用斜砌法与梁板底砌牢、卡紧,墙长>5m时,墙顶与梁板板底设拉结筋接接。

(4)墙顶补缝砖应采用斜砖补充,不得直砖到顶。砌体中构造柱、配筋应符合图纸及规范要求,同样,浇捣砼前应对墙体浇水湿润,浇灌时先浇3cm~5cm厚与砼同标号水泥砂浆,砼分层浇捣,振捣密实,拆模后还需浇水养护7天。

(八)季节性施工措施

1. 雨天施工措施

(1)施工场地

① 场地排水:对施工现场及构件生产基地应根据地形对场地排水系统进行疏通,以保证水流畅通,不积水。

② 道路:现场内主要运输道路两旁要作好排水沟,保证雨后通行不陷。

(2)机电设备及材料防护

① 机电设备:机电设备的电闸箱采取防雨、防潮等措施,并安装接地保护装置。

② 龙门架的接地装置应进行全面检查,其接地装置、接地体的深度、距离、棒径、地线截面应符合规程要求,并进行遥测。

③ 原材料及半成品的保护:对木门、窗、口、石膏板等以及怕雨淋的材料要采取防雨措施,可放入棚内或屋内,要垫高码好并要通风良好。

(3)大小设施检修及停工围护

① 对现场临时设施,要进行全面检查。

② 对一般不利于雨季施工的工程,要力争雨施前完成。

(4)对已完或正在进行的装修工程,要做好半成品以及成品保护工作

(5)安全工作

① 攀高设施要注意增设防滑机构。

② 脚手架的要注意与结构的连接,并防止脚手架因基础失陷而失稳。

③ 露天使用电气设备,要有可靠防漏措施。

(6)消防工作

① 消防器材要有防雨、防晒措施。

② 对化学品、油类、易燃品应专人妥善保管,防止受潮变质及起火。

③ 易燃物的存放处要防雨、防潮,保持通风。

2. 冬期施工措施

(1)钢筋工程

① 在负温条件下使用钢筋施工时应加强检验。在运输和加工过程中,要防止钢筋撞击和刻痕。

② 冬期在负温条件下施焊,尽量安排在室内进行。如在室外焊接,必须有防雪挡风措施,焊后的接头应实行保温措施,严禁立即碰到冰雪或迅速降温。

③ 钢筋负温电弧焊时可根据钢筋级别、直径、接头型式、施焊接位置,选择焊条和焊接电流。焊接时,应采取防止产生过热、烧伤和裂纹等措施。在构造上,应防止在接头处产生偏心受力状态。

④ 在环境温度低于 10℃ 条件下进行钢筋闪光对焊或电弧焊时,除遵守焊接时有关规定外,还应调整焊接工艺参数,使焊缝热影响区缓慢冷却。

钢筋低温闪光对焊,应采用预热闪光焊或闪光—预热—闪光焊工艺。焊接参数的选择,与常温焊接相比,应符合规范要求。

(2)混凝土工程

① 冬季施工浇灌混凝土施工稠度不宜过大。严格按实验室提供的混凝土配合比计量拌制混凝土,不准任意加水,混凝土搅拌时间应比常温延长 5 分钟。在拌制混凝土过程中,质量检查人员和负责现场的实验人员,要随时检查混凝土配合比用料计量情况及检查混凝土塌落度是否符合要求。

② 冬季施工拌制混凝土的砂、石、水的温度,均需保持正温。为此,应优先考虑采用加热水的方法。水泥应存放在库房内,在拌制混凝土时,随拌随搬,当日搬出的当日用完。

③ 混凝土浇捣后,立即取覆盖草垫保温(如遇下雨、下雪需加盖塑料布,并有排水措施)和适当延长养护龄期。冬期浇筑的混凝土在受冻前的抗压强度不低于:

A. 硅酸盐水泥或普通硅酸盐水泥配制的混凝土为设计标号的 30%;

B. 矿渣硅酸盐水泥配制混凝土为设计标号的 40%。当施工需要提高混凝土强度等级时,应按提高后的强度等级确定。

④ 模板和混凝土外表应覆盖保温层,不应采用潮湿状态的材料,也不应将保温材料直接铺

盖在潮湿的混凝土表面,新浇混凝土表面应先铺一层塑料薄膜。

⑤ 浇筑混凝土时,及时收听天气预报,尽量安排在天气晴好、气温较高的期间浇筑混凝土。

⑥ 冬季施工混凝土质量除应符合国家现行标准《混凝土结构工程施工及验收规范》(GB50204)及其他国家有关标准规定外,尚应符合下列要求:

A. 检查外加剂质量及掺量。商品外加剂进入施工现场后应进行抽样检验,合格后方准使用。

B. 检查水、骨料、外加剂溶液和混凝土出罐及浇筑时温度。

C. 检查混凝土从入模到拆除保温层或保温模板期间的温度。

⑦ 模板和保温层在混凝土达到要求强度,并冷却到5℃后方可拆除。拆模时混凝土温度与环境温度差大于20℃时,拆模后的混凝土表面应及时覆盖,使其缓慢冷却。

三、施工总进度网络计划

施工总进度计划在工程量计算的基础上进行,由于篇幅所限,工程量计算略。

四、劳动力、机械材料供应计划

(一)劳动力计划表(见表附-2)

表附-2　劳动力计划表

序　号	工种名称	数量(人)	备　注
1	木　工	55	
2	钢筋工	35	
3	砼　工	45	
4	瓦　工	30	
5	普　工	50	
6	电焊工	2	
7	机操工	8	
8	机修工	3	
9	测量工	2	
10	电工	15	
11	试验工	1	
12	油漆工	40	
13	水工	15	
14	警　卫	2	

工程施工进度网络计划图(221天)

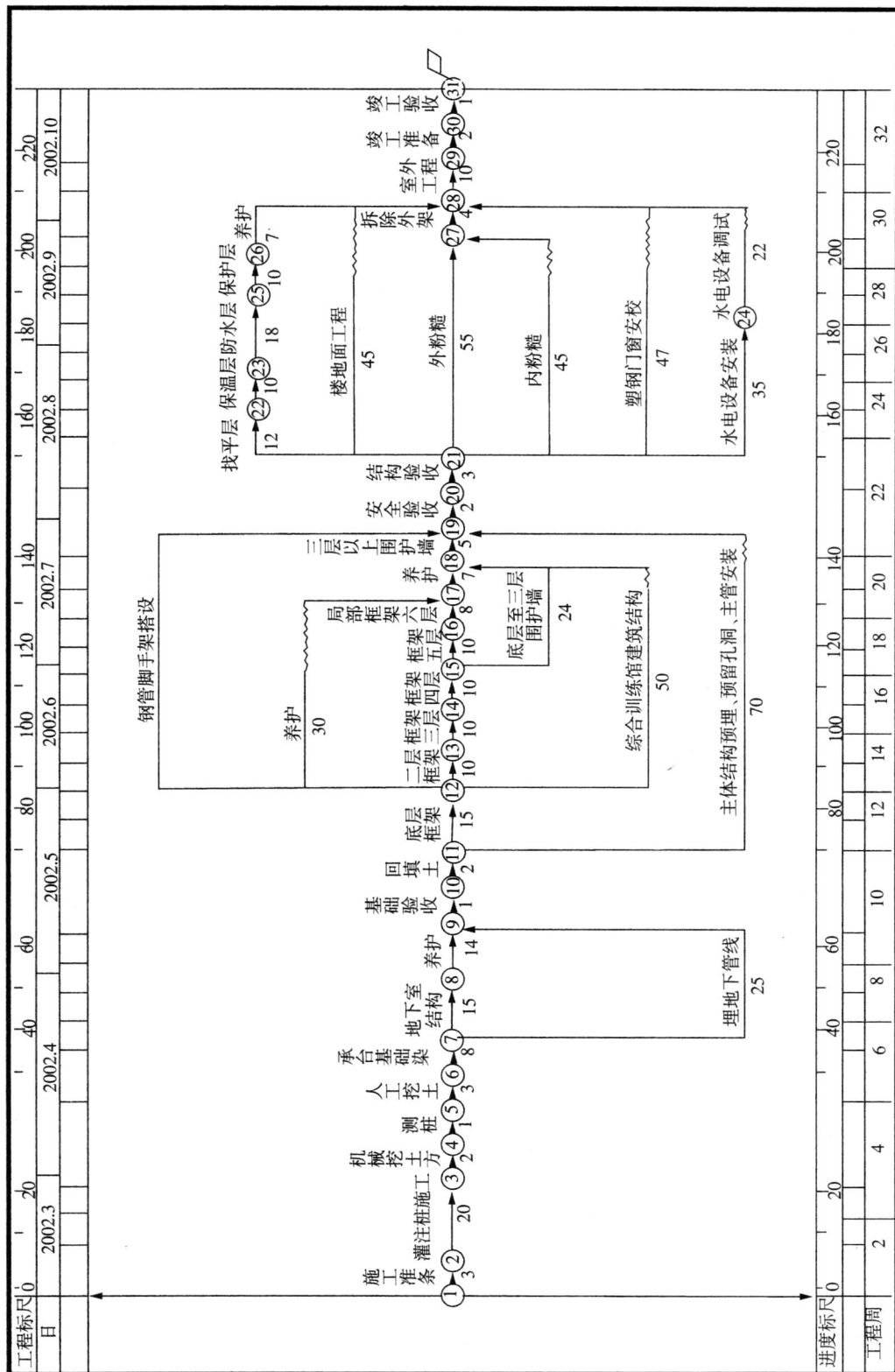

（二）主要施工机械计划表

1. 拟投入本工程的主要施工机械表，参见表附-3

表附-3　拟投入本工程的主要施工机械

机械 名称	规格 型号	额定功率(kW) 容量(m³)吨位(t)	数量(台)
砼搅拌机	JZ350	350L	2
卷扬机	JJM—3	3.0t	2
龙门架		3.0t	2
振动棒		7.5kW	8
平板振动器		3kW	4
电焊机		2.2kW	2
木工机具		25kVA	3
水泵		2.4kW	2
挖掘机	W1—100	1m³	1
电渣压力焊设备			2
钢筋加工机械	GJ40	20kVA	4
塔吊	QT40	22kVA	1

2. 工程主要材料进场计划表，参见表附-4

表附-4　工程主要材料进场计划表

材料名称	单位	数量	采购方式
钢材	T	400 220	自购
水泥	T	1200 1100	自购
砖	千块	50 340	自购
木材	立方	80 100	自购
黄砂	T	2000 3000	自购
石子	T	2000 2700	自购

五、施工总平面布置

(一)临时水、电设施

1. 施工用电布置(参见表附-5)

本工程用电设备较多,用电计算公式中,系数 K_1 取 0.6,K_2 取 0.6,$\cos\varphi$ 取 0.75。

根据设备需用计划表,用电负荷为:电动机 $\sum P_1 = 126.25kW$,电焊机 $\sum P_2 = 156kW$,照明用电按 5% 的总用电负荷计。则:

$$p_{动} = K_1 \times \sum P_1/\cos\varphi + K_2 \times \sum P_2 = 0.6 \times 126.25/0.75 + 0.6 \times 156 = 175.88kW$$

总用电负荷为:$P = 1.05 \times p_{动} = 184.67KVA$。

整个施工现场的用电线路布置主要分为四大部分,分别为:大型设备的用电线路,如卷扬机、搅拌机等;加工车间的用电线路,如木工车间、钢筋加工车间等;楼层施工用电线路;照明线路。主线路先沿围墙内侧走,然后通过地下电缆将各用电部分拉通。

楼层施工用电部分可在周围四角布置供电主干线;结构施工时,随施工层布置配电箱;装饰阶段,每两个楼层设置 1 台 60kV·A 配电箱,以解决楼层装饰、安装阶段的施工用电。

2. 施工用水布置

施工现场用水主要分为两大部分,即施工用水、施工人员生活用水和消防用水。施工用水主要考虑砼浇注用水,包括浇注砼时模板浇水湿润和浇水养护用水等方面。

(1)现场临时供水管的选择:

现场施工用水:

砼浇注用水计算公式:$q_1 = k_1 \times (L_1 \times N_1 \times K_2)/(8 \times 3600)$

取浇筑砼的全部用水定额 $N_1 = 1000(1/m^3)$,每班浇注砼用水量为 $L_1 = 250 \text{ m}^3$,另取 $K_1 = 1.15$,$K_2 = 1.5$,则:

$$q_1 = 1.15 \times (250 \times 1000 \times 1.5)/(8 \times 3600) = 14.97(L/s)$$

(2)现场施工人员用水:

施工现场生活用水,水量按下列计算:

$$q_2 = p_1 \times N_2 \times K_3/(t \times 8 \times 3600)(L/s)$$

现场高峰期人数为 $p_1 = 260$ 人,按定额,不均衡系数 $K_3 = 1.5$,每人用水量为 $N_2 = 50$ (L/人),每天工作班数为 $t = 2$,则:

$$q_2 = 260 \times 50 \times 1.5/(2 \times 8 \times 3600) = 0.34(L/s)$$

(3)现场消防用水:取 $q_4 = 10(L/s)$

(4)现场总用水量:

因 $\quad\quad\quad q_1 + q_2 = 14.97 + 0.34 = 15.3 > q_4$,故

现场用水总量为:

$$q = (q_1 + q_2) \times 1.1 = 16.84(L/s)$$

(5)供水管径计算:

计算公式为:$\quad\quad\quad d = [4q/(\pi \times v \times 1000)]^{1/2}$

对施工用水管,管内流速 $v = 1.5m/s$,则取总水管管径 $d = 80mm$。

总水管线从拟建筑物北面进入施工区后,沿围墙内侧自西向东,再向生活区。搅拌机位置布置,以之作为施工用水主干线,并在沿建筑物、男女厕所用房等位置设置四个 $\varphi25mm$ 的用水管口,以解决施工区用水。

施工区楼层用水,拟在沿建筑物垂直布置一条 $\varphi50mm$ 竖向水管,随结构施工逐层向上布置,直至顶部。每层设置两条支管和两个施工水龙头。

在现场沿施工道路外侧布置一条消防用水供水管线,在施工区布置两个消防龙头,在现场办公区附近布置一个消防水龙头,消防用水管内流速需达到 $v=2.5m/s$。

(二)施工总平面布置图

六、工程质量保证措施

在本工程中,将对以下的技术保证进行重点控制:

(1)施工前各种翻样图、翻样单;

(2)原材料的材质证明、合格证、复试报告;

(3)各种试验分析报告;

(4)基准线、控制轴线、高程标高的控制;

(5)沉降观测;

(6)混凝土、砂浆配合比的试配及强度报告。

施工材料的质量,尤其是用于结构施工的材料质量好坏,将会直接影响整个工程结构的安全,故在各种材料进场时,一定要要求供应商随货提供产品的合格证或质保书,同时对钢材、水泥等及时做复试和分析报告。只有当复试报告、分析报告等全部合格方能允许用于施工。

对砼,由于大部分为现场自拌砼,在浇筑时应做符合要求的试块,并在同等条件下养护,及时试压以确保砼的施工质量。

为保证材料质量,要求材料管理部门严格按《质量保证计划》及相关质量体系文件进行操作及管理。对采购的原材料构(配)件半成品等,均要建立完善的验收及送检制度,杜绝不合格材料进入现场,更不允许不合格材料用于施工。

在材料供应和使用过程中,必须做到“验规格、验品种、验数量、验质量”的“四验”和“材料验收人员把关、技术质量试验人员把关、操作人员把关”的“三把关”,以保证用于本工程的各种材料均是合格优质的材料。

七、安全生产措施

安全生产措施主要有:

(1)建立及完善结构层的外防护;

(2)做好结构内洞口、临边的防护;

(3)施工龙门架安装完后,须技术部门、质检部门、动力部门均检验合格后方可挂牌运行;

(4)做好底层安全防护,在建筑底层的主要出入口处,将搭设双层防护棚及安全通道;

(5)做好基坑开挖安全措施,以免边坡崩塌;

(6)做好冬、雨季施工防护措施;

(7)做好其他施工机具的安全防护工作。

工程施工现场平面布置图

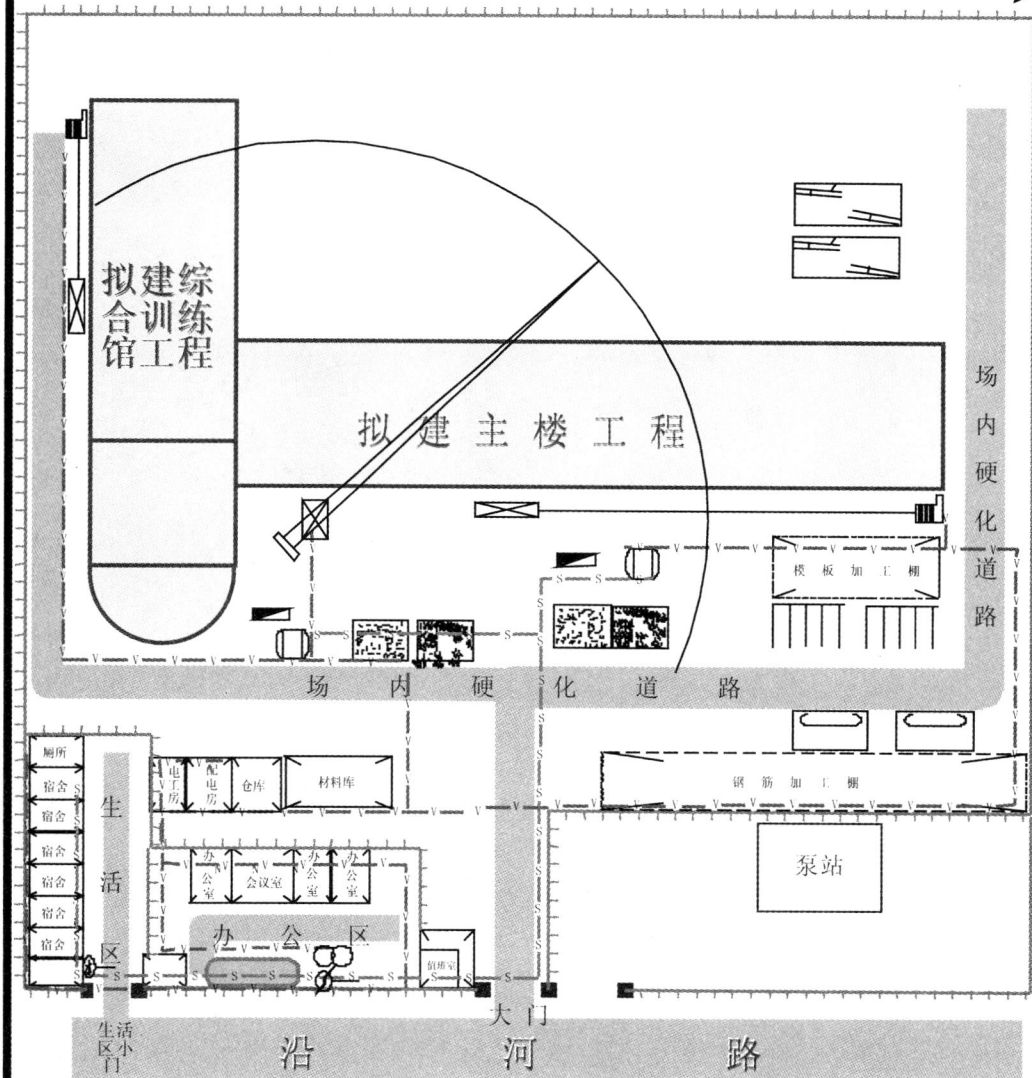

北

拟建综合训练馆工程

拟建主楼工程

场内硬化道路

场内硬化道路

模板加工棚

钢筋加工棚

泵站

厕所
宿舍
宿舍
宿舍
宿舍
宿舍
宿舍

生活区

电工房
配电房
仓库
材料库

办公室
会议室
办公室
办公室

办公区

值班室

生活区小门

大门

沿 河 路

图例

	模板堆场		砼搅拌机		砂堆		水源
	钢筋堆场		沉淀池		碎石堆		电源
	龙门吊		卷扬机		砖堆		用水电路
							用水电路

八、文明施工措施

现场排水系统应保证畅通,以设置有坡度的明沟为主,用钢筋制作的盖板在明沟上。排水以排入市政管网为主,对有些不能排入的将利用集水井,用水泵抽入市政管网。

在施工过程中,要求各作业班组做到"工完场清",以保证施工楼层面没有多余的材料、垃圾。作为项目经理部,应派专人对各楼层进行清扫、检查,以使每个已施工完的结构清洁。而对运入各楼层的材料要求堆放整齐,使整个楼面整齐划一。

厕所内墙面铺贴白瓷砖,地面铺贴防滑地砖,并排专人打扫,以保持厕所卫生的清洁。

建筑垃圾及生活垃圾分开堆放。建筑垃圾要求集中堆放,生活垃圾应放入生活垃圾容器。对所有垃圾应定期及时地进行清运。

参 考 文 献

1. 毛鹤琴. 土木工程施工. 武汉:武汉理工出版社,2004

2. 彭圣浩. 建筑工程施工组织设计实例应用手册. 北京:中国建筑工业出版社,1999

3. 林知炎,曹吉鸣. 工程施工组织与管理. 上海:同济大学出版社,2002

4. 方承训. 郭立民. 建筑施工. 武汉:武汉工业大学出版社,1994

5. 钱昆润等. 建筑施工组织设计. 南京:东南大学出版社,2000

6. 赵志缙等. 建筑施工. 上海:同济大学出版社,2004

7. 中华人民共和国行业标准.JGJ/T121—1999 工程网络计划技术规程.北京:中国建筑工业出版社,1999

8. 余群舟等. 建筑工程施工组织与管理. 北京:北京大学出版社,2001

9. 中国建筑科学研究院.PKPM用户使用手册. 北京:2002

10. 贾莉莉,陈道政,江小燕. 土木工程专业毕业设计指导书:建筑工程分册. 合肥:合肥工业大学出版社,2007

11. 中国建设监理协会,建设工程进度控制,北京:中国建筑工业出版社,2010

12. 全国造价工程师执业资格考试培训教材编审组.工程造价案例分析.北京:中国城市出版社,2009